对接世界技能大赛技术标准创新系列教材

技工院校一体化课程教学改革电气自动化设备安装与维修专业教材

电子线路安装

中国劳动社会保障出版社

内容简介

本套教材为对接世赛标准深化一体化专业课程改革电气自动化设备安装与维修专业教材，对接世赛电气装置等项目，学习目标融入世赛要求，学习内容对接世赛技能标准，考核评价方法参考世赛评分方案，并设置了世赛知识栏目。

本书主要内容包括：简易充电器电路的组装与测试、扩音器电路的组装与测试、低频信号发生器电路的组装与调试、可调集成稳压电路的组装与调试、汽车双闪灯电路的组装与调试。

图书在版编目（CIP）数据

电子线路安装 / 人力资源社会保障部教材办公室组织编写 . -- 北京：中国劳动社会保障出版社，2021

对接世界技能大赛技术标准创新系列教材　技工院校一体化课程教学改革电气自动化设备安装与维修专业教材

ISBN 978-7-5167-2066-0

Ⅰ. ①电…　Ⅱ. ①人…　Ⅲ. ①电子线路－安装－技工学校－教材　Ⅳ. ①TN7

中国版本图书馆 CIP 数据核字（2021）第 083871 号

中国劳动社会保障出版社出版发行

（北京市惠新东街 1 号　邮政编码：100029）

*

北京市白帆印务有限公司印刷装订　　新华书店经销

880 毫米 ×1230 毫米　16 开本　9.25 印张　214 千字

2021 年 6 月第 1 版　　2025 年 11 月第 8 次印刷

定价：19.00 元

营销中心电话：400-606-6496

出版社网址：http://www.class.com.cn

http://jg.class.com.cn

对接世界技能大赛技术标准创新系列教材

电气自动化设备安装与维修专业课程改革工作小组

课 改 校：江苏省盐城技师学院　江苏省常州技师学院
黑龙江技师学院　承德技师学院　江西技师学院
青岛市技师学院　开封技师学院　衡阳技师学院
珠海市技师学院

技术指导：雷云涛

编　　辑：范贻潘

本书编审人员

主　　编：徐丕兵

副 主 编：杨　艳　李海雁

参　　编：崔桂发　高　玮　钱　莉　江吉祥　任　洁

主　　审：吴乐明

序

世界技能大赛由世界技能组织每两年举办一届，是迄今全球地位最高、规模最大、影响力最广的职业技能竞赛，被誉为“世界技能奥林匹克”。我国于2010年加入世界技能组织，先后参加了五届世界技能大赛，累计取得36金、29银、20铜和58个优胜奖的优异成绩。第46届世界技能大赛将在我国上海举办。2019年9月，习近平总书记对我国选手在第45届世界技能大赛上取得佳绩作出重要指示，并强调，劳动者素质对一个国家、一个民族发展至关重要。技术工人队伍是支撑中国制造、中国创造的重要基础，对推动经济高质量发展具有重要作用。要健全技能人才培养、使用、评价、激励制度，大力发展技工教育，大规模开展职业技能培训，加快培养大批高素质劳动者和技术技能人才。要在全社会弘扬精益求精的工匠精神，激励广大青年走技能成才、技能报国之路。

为充分借鉴世界技能大赛先进理念、技术标准和评价体系，突出“高、精、尖、缺”导向，促进技工教育与世界先进标准接轨，完善我国技能人才培养模式，全面提升技能人才培养质量，人力资源社会保障部于2019年4月启动了世界技能大赛成果转化工作。根据成果转化工作方案，成立了由世界技能大赛中国集训基地、一体化课改学校，以及竞赛项目中国技术指导专家、企业专家、出版集团资深编辑组成的对接世界技能大赛技术标准深化专业课程改革工作小组，按照创新开发新专业、升级改造传统专业、深化一体化专业课程改革三种对接转化原则，以专业培养目标对接职业描述、专业课程对接世界技能标准、课程考核与评价对接评分方案等多种操作模式和路径，同时融入健康与安全、绿色与环保及可持续发展理念，开发与世界技能大赛项目对接的专业人才培养方案、教材及配套教学资源。首批对接 19 个世界技能大赛项目共 12 个专业的成果将于 2020—2021 年陆续出版，主要用于技工院校日常专业教学工作中，充分发挥世界技能大赛成果转化对技工院校技能人才的引领示范作用。在总结经验及调研的基础上选择新的对接项目，陆续启动第二批等世界技能大赛成果转化工作。

希望全国技工院校将对接世界技能大赛技术标准创新系列教材，作为深化专业课程建设、创新人才培养模式、提高人才培养质量的重要抓手，进一步推动教学改革，坚持高端引领，促进内涵发展，提升办学质量，为加快培养高水平的技能人才作出新的更大贡献！

2020年11月

电气自动化设备安装与维修专业一体化教学参考书目录（中级阶段）

序号	书名
1	电工基础（第六版）
2	电子技术基础（第六版）
3	机械与电气识图（第四版）
4	机械知识（第六版）
5	电工仪表与测量（第六版）
6	电机与变压器（第六版）
7	安全用电（第六版）
8	电工材料（第五版）
9	电力拖动控制线路与技能训练（第六版）
10	企业供电系统及运行（第六版）
11	维修电工技能训练（第六版）
12	电子电路基本技能训练
13	SMT 基础与工艺

扫描右侧二维码
可查看本书配套数字资源

目　录

学习任务一　简易充电器电路的组装与测试

学习目标

1. 能通过阅读工作任务交底单，明确工作内容及任务要求。
2. 能叙述二极管的功能、特性等基础知识，并应用相关知识对电路原理进行分析。
3. 能根据原理图正确选择元器件，并对所选元器件进行检测。
4. 能识读原理图，分析直流稳压电路的工作原理。
5. 能按照任务要求制定工作实施方案。
6. 能按照图样及电子装接的工艺规范独立装接电子线路。
7. 能运用仪器仪表对装接后的电子线路进行测试，并记录、分析其测试结果。
8. 能自觉遵守作业规范，完成工作的检查和验收，自觉清理场地、归置物品。
9. 能对学习过程和实训成果进行总结汇报，完成对学习过程的综合评价。

建议学时

40 学时

工作情境描述

学院航模社团在某次航模制作任务中承担了 5 个电池充电器的制作任务，要求学生在教师的指导下按照给定的原理图完成充电器所用元器件的选择、电路的焊接和调试，并交付有关人员验收。

工作流程与活动

1．明确工作任务
2．施工前准备
3．现场施工
4．评价与总结

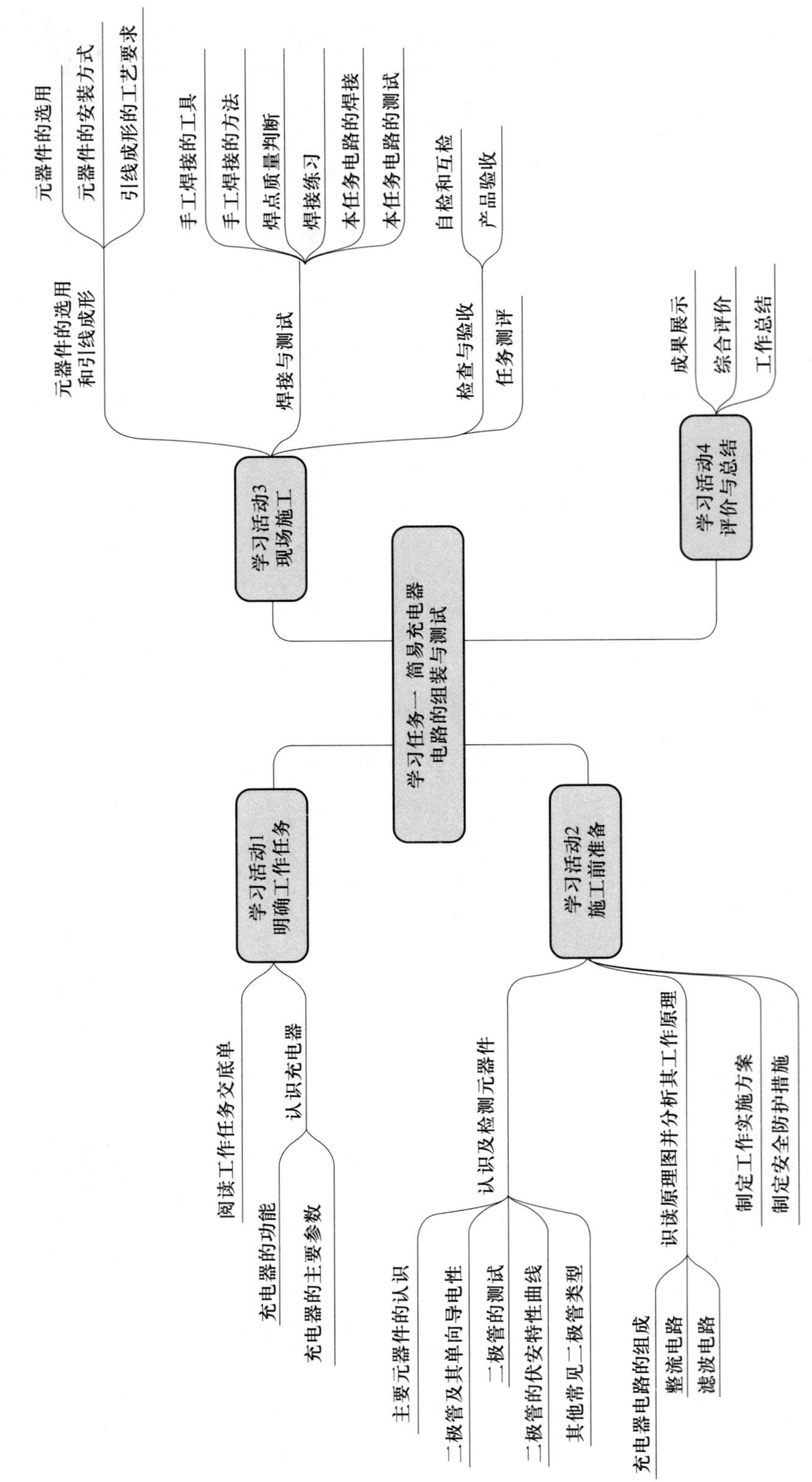
学习任务一 简易充电器电路的组装与测试
学习活动1 明确工作任务
阅读工作任务交底单
认识充电器
充电器的功能
充电器的主要参数
学习活动2 施工前准备
认识及检测元器件
主要元器件的认识
二极管及其单向导电性
二极管的测试
二极管的伏安特性曲线
其他常见二极管类型
识读原理图并分析其工作原理
充电器电路的组成
整流电路
滤波电路
制定工作实施方案
制定安全防护措施
学习活动3 现场施工
元器件的选用和引线成形
元器件的选用
元器件的安装方式
引线成形的工艺要求
焊接与测试
手工焊接的工具
手工焊接的方法
焊点质量判断
焊接练习
本任务电路的焊接
本任务电路的测试
检查与验收
自检和互检
产品验收
任务测评
学习活动4 评价与总结
成果展示
综合评价
工作总结

学习活动 1　明确工作任务

学习目标

1. 能通过阅读工作任务交底单，明确工作内容及任务要求。
2. 能认识工作任务载体并对其铭牌数据进行分析。

建议学时：4 学时

学习过程

一、阅读工作任务交底单

根据工作情境描述，阅读并补全工作任务交底单（表 1-1-1），熟知本任务的工作内容及任务要求。

表 1-1-1　　工作任务交底单

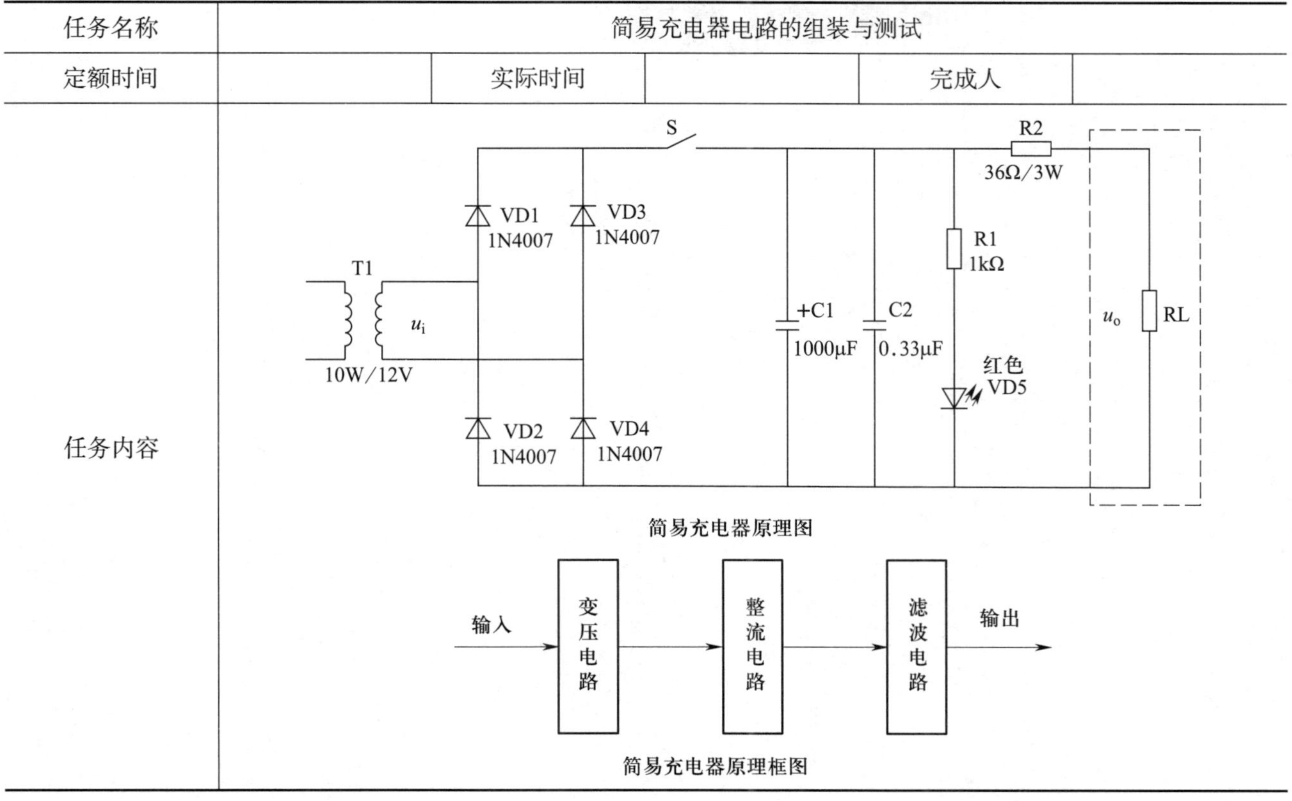

任务名称	简易充电器电路的组装与测试					
定额时间		实际时间		完成人		
任务内容	简易充电器原理图 简易充电器原理框图					

续表

任务内容	技术说明： 1. 电路由变压电路、整流电路、滤波电路、电路状态指示电路组成 2. 安装变压器时应注意区别输入端和输出端，不能装反，以免烧坏 3. 二极管在安装时要注意区别其阴极、阳极 4. C1 与 C2 是两个不同型号的电容，安装时应注意区分，并注意 C1 的极性
任务要求	1. 熟知工作任务交底单，分析电子线路的工作原理 2. 依据给定的原理图选择合适的元器件 3. 根据《电子组件的可接受性》（IPC–A–610）等相关标准焊接与测试 4. 根据《电子组件的可接受性》（IPC–A–610）等相关标准检查与验收 5. 总结

二、认识充电器

1. 随着信息技术的发展，电子设备的发展日新月异，你知道哪些电子设备需要充电器吗？充电器分为哪些类型？查阅资料，学习相关知识后简要说明，并写出图 1–1–1 所示的充电器分别适用于哪类设备。

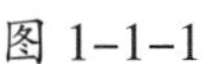

图 1–1–1

2．阅读图 1–1–2 所示两种电源适配器的铭牌数据，分别写出其输出电压或输出电流。

图 1–1–2

学习活动 2　施工前准备

学习目标

1. 能根据原理图正确选择元器件型号、规格和数量。

2. 能叙述二极管的功能、特性等基本知识，并应用相关知识对电路原理进行分析。

3. 能对所选元器件进行检测。

4. 能识读原理图，分析直流稳压电路的工作原理。

5. 能按照任务要求制定工作实施方案。

建议学时：14 学时

学习过程

参考资料

电子技术基础（第六版）
第一章　半导体二极管
电子电路基本技能训练
第一单元课题一　电子元器件的识别与测试

一、认识及检测元器件

1．识读原理图，认识所用元器件，将表 1-2-1 中所列元器件的名称、符号及其在电路中的作用补全。

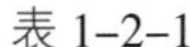

表 1-2-1　　认识所用元器件

元器件	名称	符号	在电路中的作用

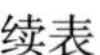

续表

元器件	名称	符号	在电路中的作用

2．阅读以下原理图、波形图，分析二极管在电路中的作用。

（1）图 1–2–1 所示电路中，二极管的作用是：

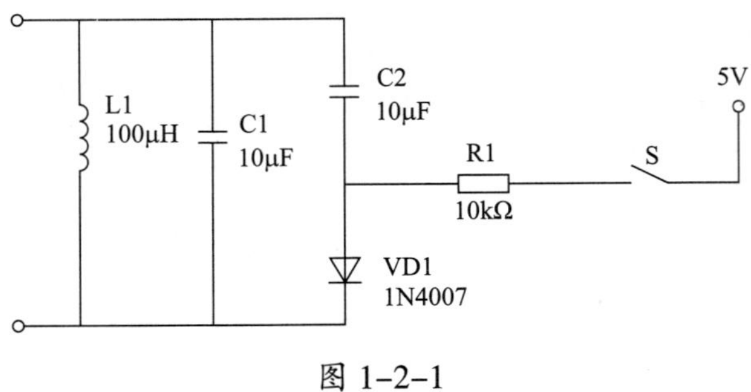

图 1-2-1

（2）图 1-2-2a 所示电路中，二极管的作用是：

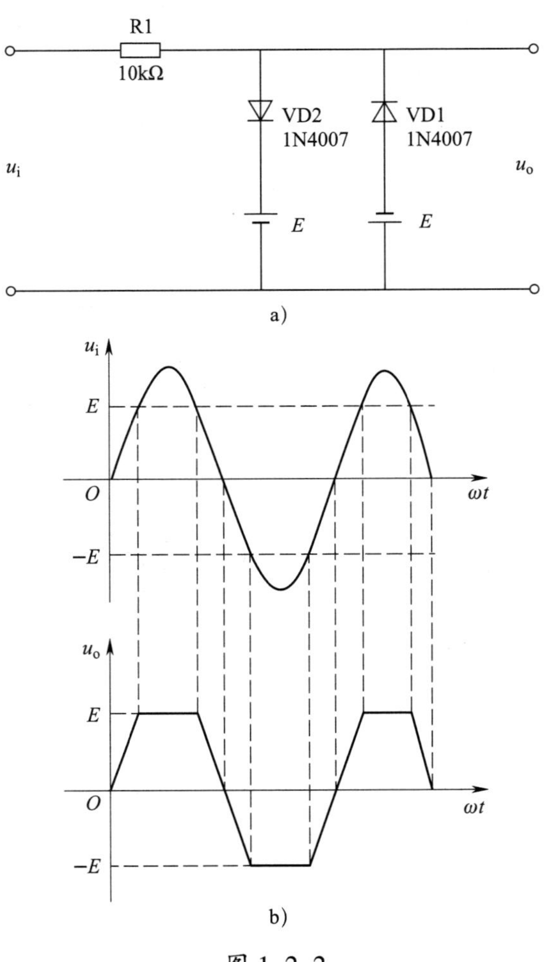

图 1-2-2

（3）在图 1-2-3 所示电路中，二极管的作用是：

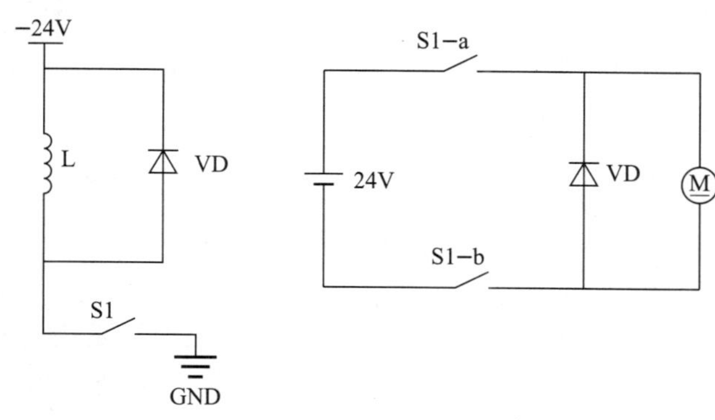

图 1-2-3

3．认识二极管的单向导电性

分析图 1-2-4 所示二极管单向导电性实验的三个电路：在图 1-2-4a 所示电路中，开关断开，灯不亮；在图 1-2-4b 所示电路中，开关闭合，二极管阳极电位高于阴极电位，此时灯亮，电路电流较大，说明二极管是导通的，二极管导通时相当于小电阻，这种情况称为二极管（PN 结）正向偏置，简称正偏；在图 1-2-4c 所示电路中，开关闭合，二极管阳极电位低于阴极电位，此时灯不亮，电路电流几乎为零，说明二极管是截止的，二极管截止时相当于大电阻，这种情况称为二极管（PN 结）反向偏置，简称反偏。

对于小功率二极管，常在二极管的一端用色环标示出阴极，塑料管用白色标示出阴极，玻璃封装管用黑色（或其他色）标示出阴极。

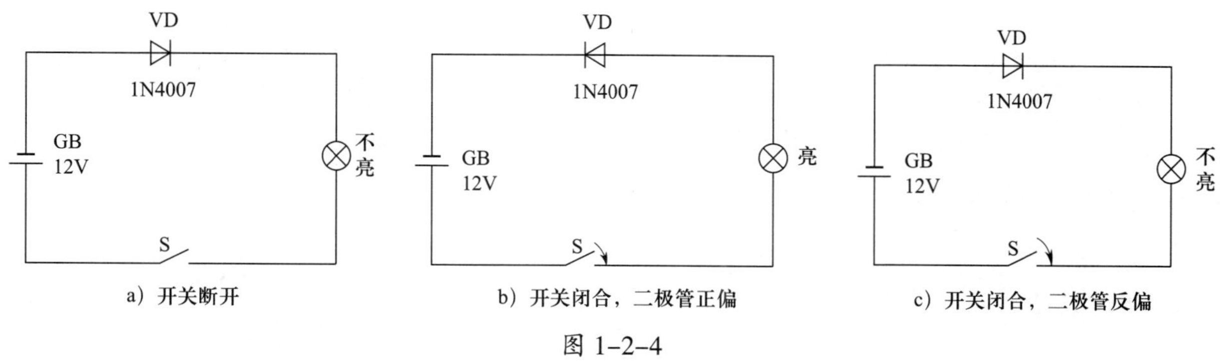

图 1-2-4

通过以上对实验的分析可得出结论：

4．测试二极管的特性

（1）取 1 个普通整流二极管，用指针式万用表检测其单向导电性。将指针式万用表置于电阻挡（一般选用 $R\times100$ 挡或 $R\times1$ k 挡），用两个表笔分别接触二极管的两个引脚，测出一个阻值，交换表笔再测一次，又测出一个阻值。对于一个正常的二极管，应一次测得的电阻值大，另一次测得的电阻值小。测得阻值较小的一次，与黑表笔相连的电极为二极管的阳极；相反，测得阻值较大的一次，与黑表笔相接的电极为二极管的阴极，如图 1–2–5 所示。对测量结果进行描述并填写到表 1–2–2 中。

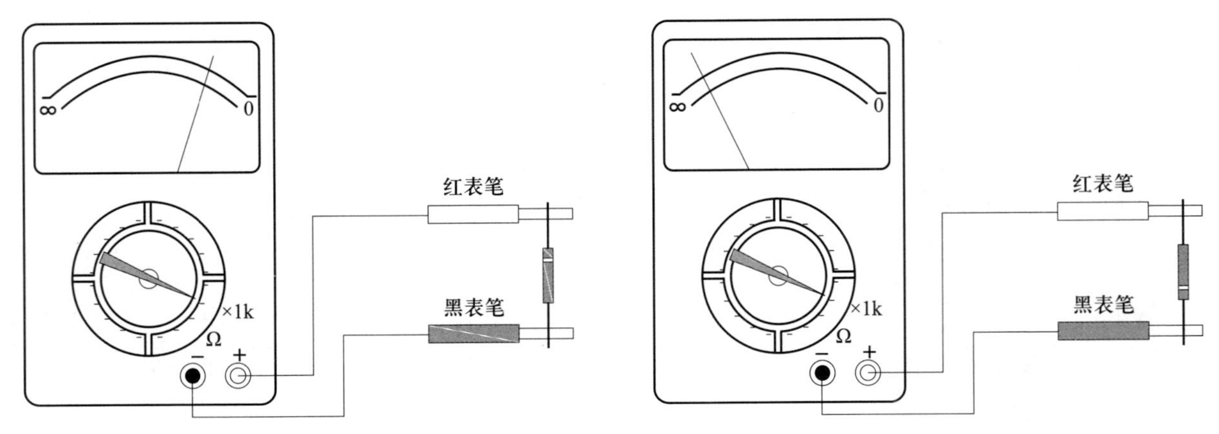

图 1–2–5

表 1–2–2　指针式万用表测量结果记录表

二极管偏置状态	指针式万用表表笔连接方法	指针式万用表现象描述
二极管正偏	红表笔接二极管阴极 黑表笔接二极管阳极	
二极管反偏	红表笔接二极管阳极 黑表笔接二极管阴极	

（2）根据指针式万用表现象描述可以得出以下结论：如果两次测得的电阻值都很小，说明二极管（　　　　　　）；如果两次测得的电阻值都很大，则说明二极管（　　　　　　）。在这两种情况下，二极管（　　　　　　）。如果两次测得的电阻值相差不大，说明二极管性能很差，不能使用。

（3）用数字式万用表检测二极管极性的方法：将万用表置于 PN 结挡，两个表笔分别接二极管的两个引脚，如果万用表显示“1”，则说明红表笔接的是二极管的阴极，黑表笔接的是二极管的阳极；如果万用表显示“.6000”左右，则说明红表笔接的是二极管的阳极，黑表笔接的是二极管的阴极，如图 1–2–6 所示。按照上述方法操作，对测量结果进行描述并填写到表 1–2–3 中。

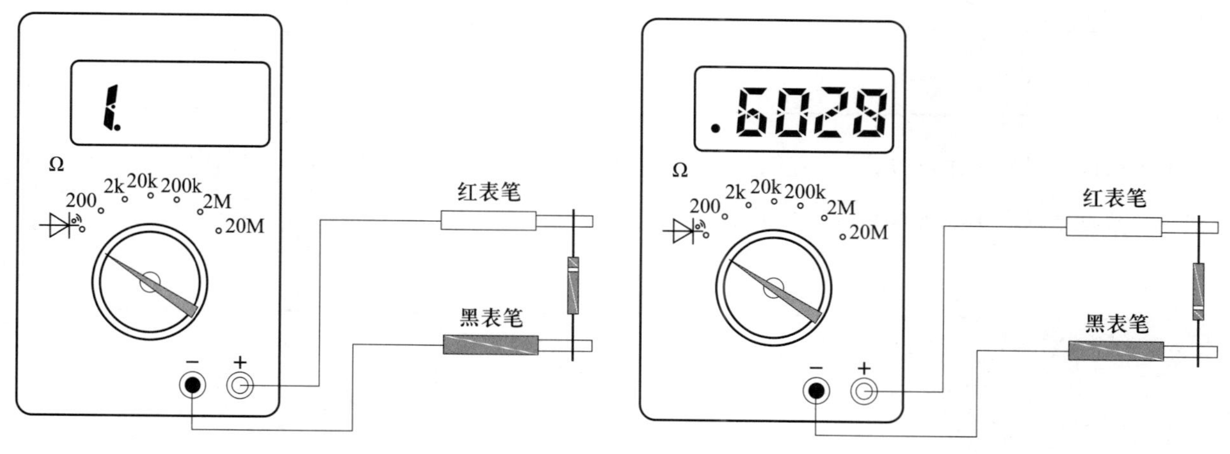

图 1–2–6

表 1–2–3 数字式万用表测量结果记录表

二极管偏置状态	数字式万用表表笔连接方法	数字式万用表现象描述
二极管正偏	红表笔接二极管阳极 黑表笔接二极管阴极	
二极管反偏	红表笔接二极管阴极 黑表笔接二极管阳极	

（4）通过万用表对二极管的测试，可以得到以下结论：根据使用万用表的电阻挡测定的二极管正反向电阻值的大小，可以确定二极管的（　　　　　　　　）及大致判断二极管的好坏。

5．绘制二极管伏安特性曲线

通过图 1–2–7 所示小实验测得的数据，绘制二极管伏安特性曲线。

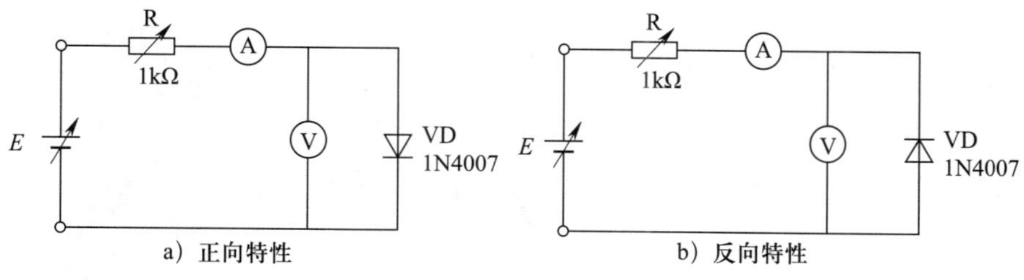

a）正向特性　　b）反向特性

图 1–2–7

（1）图 1–2–7a 所示为正向特性测试实验电路图，按照电路图连接电路，电路中可调电阻开始设为 510 Ω，电源电压从 0 ~ 10 V 可调，将所得数据填入表 1–2–4 中。

表 1–2–4　　　　　　　　正向特性测试实验

二极管两端电压 U/V						
流过二极管电流 I/mA						

（2）类似地，进行图 1–2–7b 所对应的实验，其中可调电阻的阻值设为 510 Ω，电源电压从 0 ~ 15 V 可调，将所得数据填入表 1–2–5 中。

表 1–2–5　　　　　　　　反向特性测试实验

二极管两端电压 U/V						
流过二极管电流 I/mA						

（3）将测得数据在图 1–2–8 中标出，然后用平滑的曲线将各点连接就可以得到二极管的伏安特性曲线。注意：为突出曲线的变化趋势，两坐标轴的正负半轴均采用了不同的单位刻度。

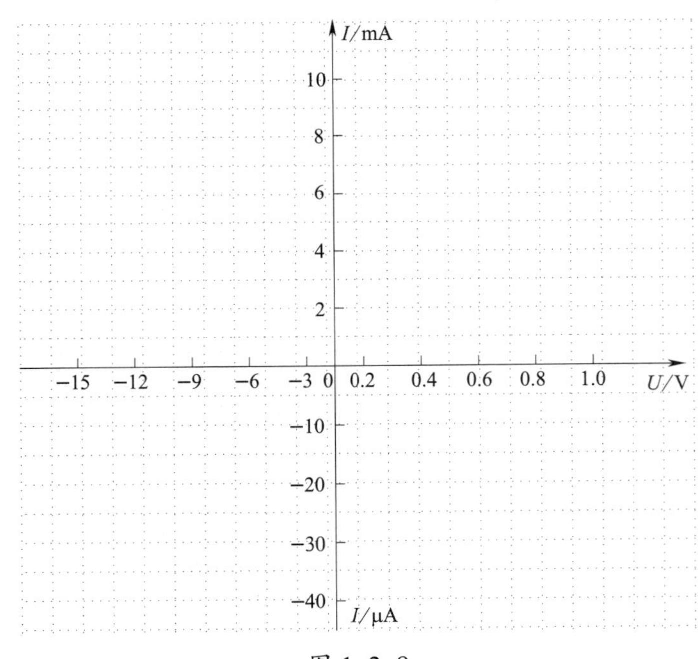

图 1–2–8

6．认识其他类型的二极管

除普通二极管外，常见的二极管还有稳压二极管、发光二极管和光电二极管等几种类型。其中，稳压二极管是利用其被反向击穿后，在一定反向电流范围内反向电压不随反向电流变化这一特点进行稳压的。

（1）稳压二极管

1）稳压二极管工作在反向击穿状态：

加（　　　　　　）电压时，相当于正向导通的二极管（压降为 0.7 V）。

加（　　　　　　）电压时截止，相当于断开。

加（　　　　　　）电压并击穿（即满足 $U>U_Z$）时，稳压为 U_Z。

2）稳压二极管限幅电路及输入波形如图 1-2-9 所示，其中串联限幅稳压电路的输出波形是输入电压波形中高于稳压管击穿电压的部分，可用来抑制干扰脉冲，也可用以鉴别输出电压的幅度。并联限幅电路的输出电压波形是输入电压波形中低于击穿电压的部分，可整形和稳压输出波形的幅度。绘制稳压二极管限幅电路的输出波形。

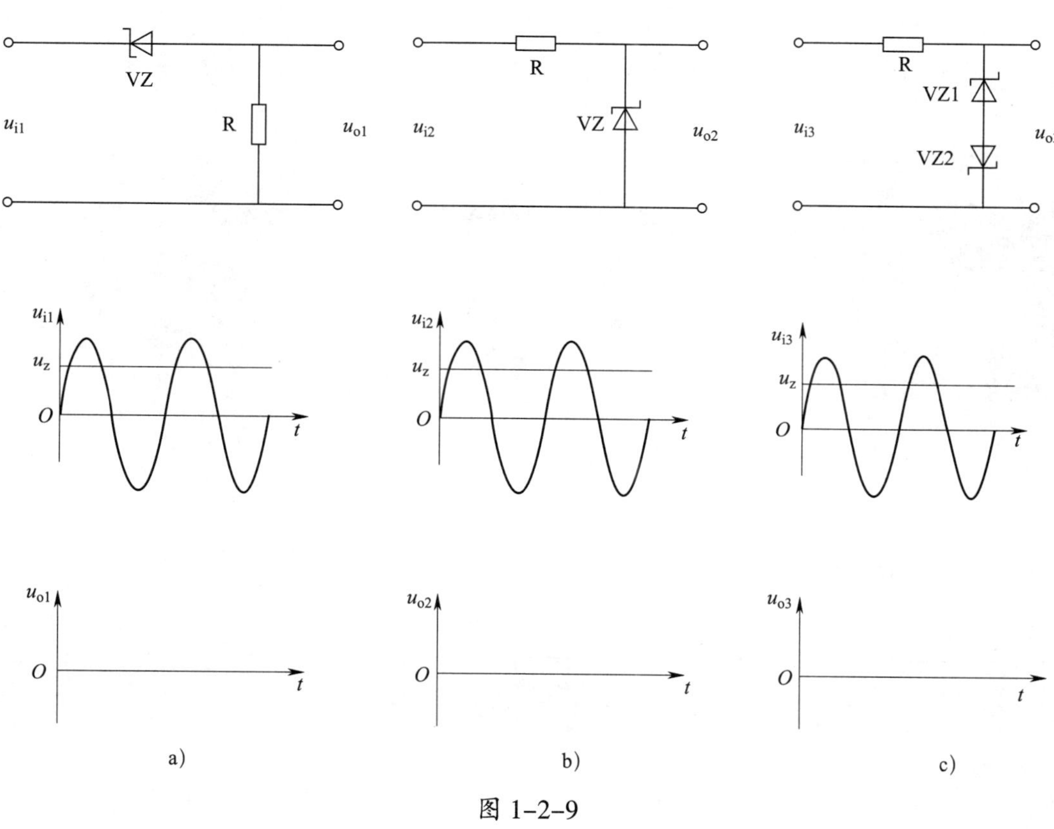

图 1-2-9

（2）发光二极管

1）举例说明发光二极管在实际生活中的应用。

2）如图 1–2–10 所示，VD1 和 VD2 是两个不同颜色的发光二极管，它们反向并联，再与限流电阻 R 串联成测试电路。写出以下情况时发光二极管是否发光：A 接电源正极、B 接电源负极；A 接电源负极、B 接电源正极；A、B 两端接交流电。R 的阻值根据电源的大小来选择，将流过发光二极管的电流限制在 1 ～ 4 mA 范围内。

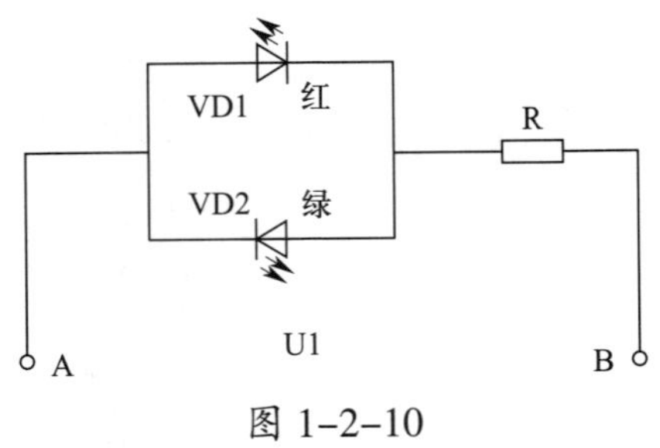

图 1–2–10

7．识别和检测元器件

（1）写出图 1–2–11 所示各类元器件的名称。

（　　　　　）　　（　　　　　）　　（　　　　　）

图 1–2–11

（2）识别教师提供的元器件，检测其性能，填写表 1–2–6。

表 1–2–6　　元器件的性能检测

元器件名称	符号	测量方法	测量值	性能判断
二极管				
电阻				
电容				
变压器				

二、识读原理图并分析其工作原理

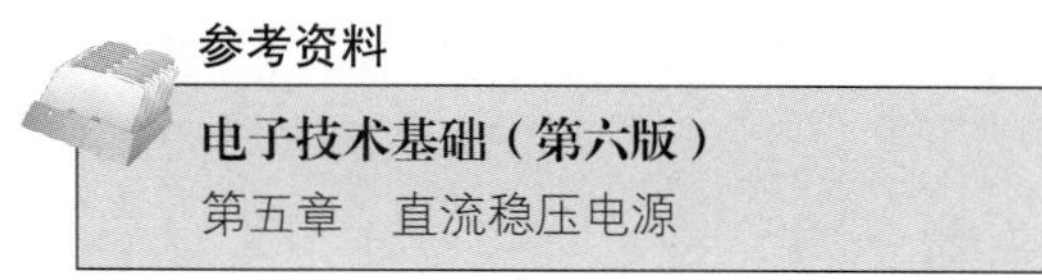

1．简易充电器电路如图 1–2–12 所示，它由（　　　　）、（　　　　）、（　　　　）及（　　　　）四部分组成，在图中将这四部分分别圈出来。

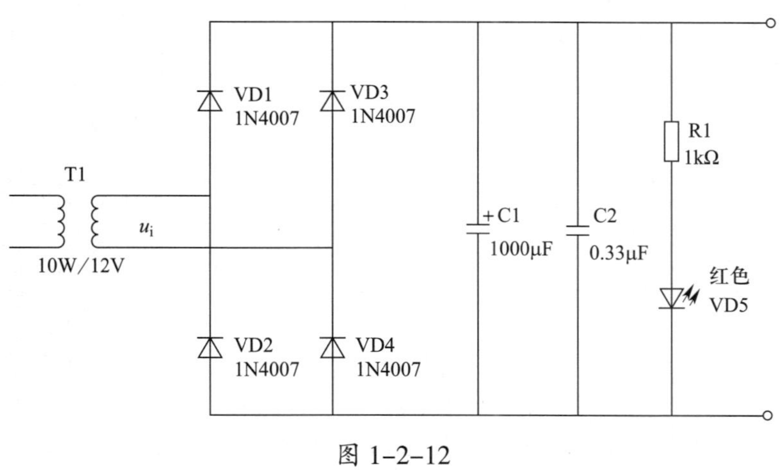

图 1–2–12

2．分析图 1–2–12 所示电路的工作原理，根据波形在图 1–2–13 的方框中写出各部分的功能。

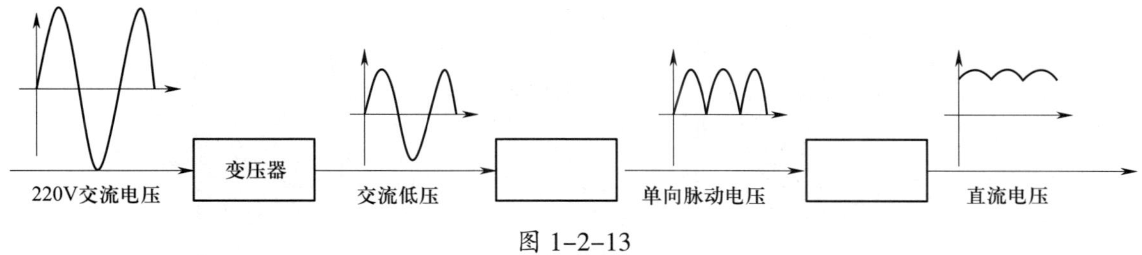

图 1–2–13

3．根据图 1–2–14 所示电路原理图绘制桥式整流电路的输出电压波形，并写出整流电路输出电压 u_o 与输入电压 u_i 之间的关系。

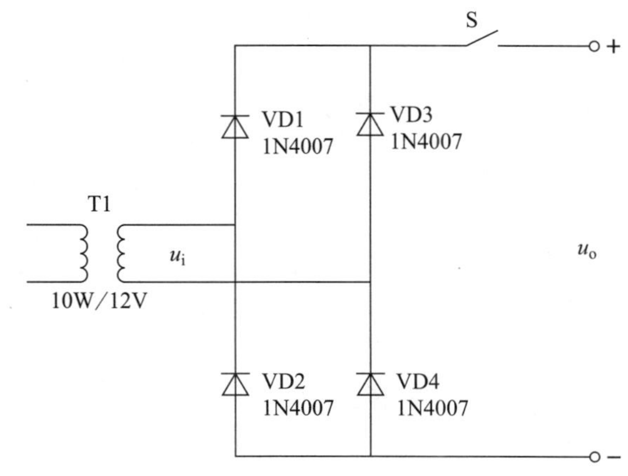

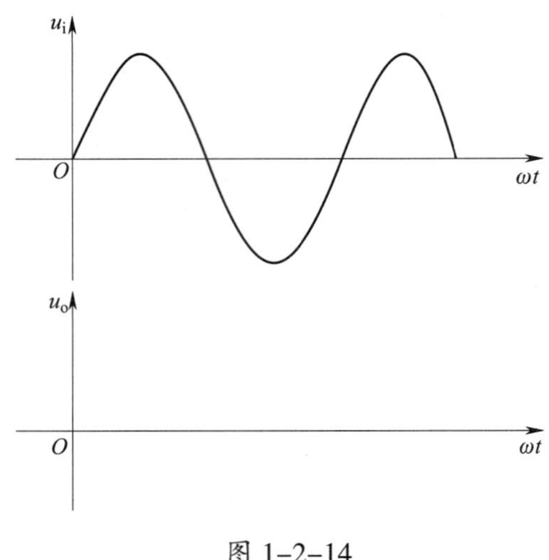

图 1–2–14

4．根据图 1–2–15 所示电路原理图绘制开关 S 闭合时该电路的输出电压波形，并写出整流电路输出电压 u_o 与输入电压 u_i 之间的关系。

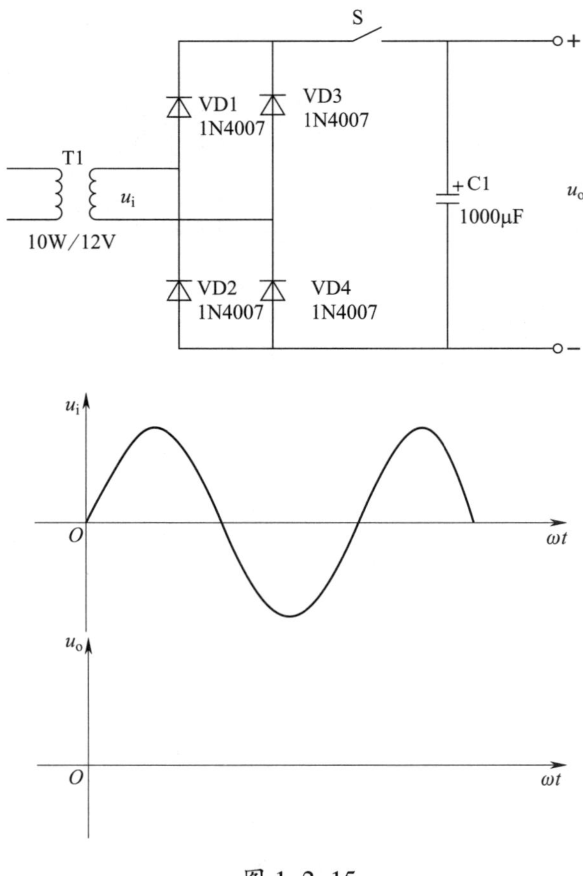

图 1–2–15

5．简述无电容滤波与带电容滤波时输出波形的区别。

三、制定工作实施方案

通过工作实施方案的制定，明确任务分工，明确基本工序流程。

简易充电器电路的组装与测试任务工作实施方案

一、人员分工

1．小组负责人:____________

2．小组成员及分工

姓名	分工

二、工具、材料清单

类别	项目内容					备注
工具						
仪表						
元器件与器材	代号	名称	型号	规格	数量	

三、工序及工期安排

序号	工作内容	完成时间	备注

四、制定安全防护措施

在世界技能大赛中，参赛选手不仅要注意提高自己的技能操作水平，而且不能出现违反竞赛规则、操作规范和安全要求的行为。同样地，在平时的学习和任务实施过程中，也要注意养成良好的职业规范和遵守规则的意识，使工作过程符合操作规范和安全要求，采取正确的安全防护措施。结合世界技能大赛的技术资料学习相关知识，针对本任务，制定合理的安全防护措施。

学习活动3 现场施工

学习目标

1. 能按照原理图及电子装接的工艺规范独立装接电子线路。

2. 能正确运用仪器仪表对装接后的电子线路进行测试，并记录、分析其测试结果。

3. 能自觉遵守作业规范，完成工作的检查和验收，自觉清理场地、归置物品。

建议学时：18学时

学习过程

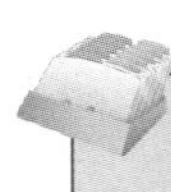

参考资料

电子电路基本技能训练

第一单元课题二　电子焊接基本操作

第一单元课题三　印刷电路制作工艺

一、元器件的选用和引线成形

1．根据任务原理图选择合格的元器件，确定其安装位置。

（1）元器件有哪些安装方式？写出图1–3–1所示两种安装方式的名称。

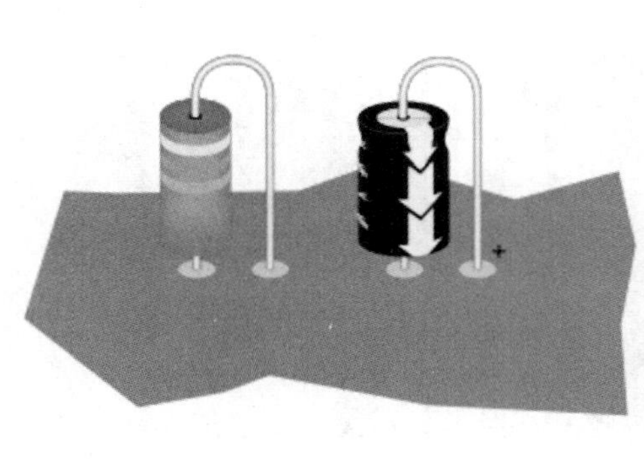

（　　　　　　）

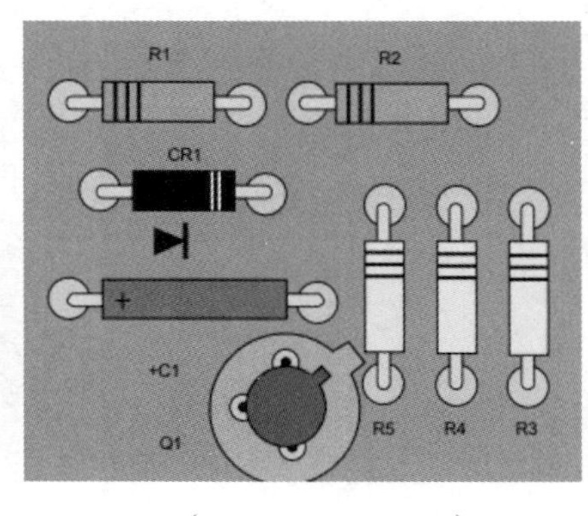

（　　　　　　）

图1–3–1

（2）本任务中需选用哪些元器件？采用哪种安装方式？

2．在焊接前，要对元器件进行引线成形，操作中要注意以下几点：

（1）所有元器件引线均不得从根部弯曲。因为制造工艺的原因，根部容易折断，一般应留 1.5 mm 以上。

（2）引线一般不要弯曲成死角，圆弧半径应比引线直径大 1 ～ 2 倍。

（3）要尽量将有字符的元件面置于容易观察的位置。

（4）卧式安装时，两引线左右弯折要对称，引出线要平行，其间的距离应与印制电路板两焊盘孔的距离相等，以便插装。

进行元器件引线成形的练习，并将出现的问题和解决方法填入表 1–3–1 中。

表 1–3–1　　练习中出现的问题和解决方法

出现的问题	解决方法

二、焊接与测试

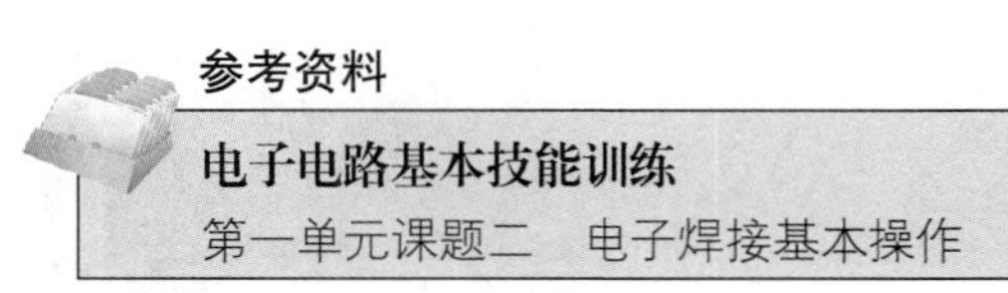

1．任何电子产品，无论是由几个零件组成的整流器，还是由成千上万个零部件组成的计算机系统，都是由基本的电子组件按电路工作原理，用一定的工艺方法连接而成的。其连接方法有（　　　　　　　），但使用最广泛的方法是锡焊。

2．手工锡焊接的常用工具是电烙铁。选择合适的电烙铁并合理地使用，是保证焊接质量的基础。

（1）查阅资料回答：根据结构不同，电烙铁可分为哪几种类型？常见电烙铁的功率有哪些规格？

（2）在电子电路的手工焊接中，最常用的是（　　　　　　　　）式电烙铁，在图 1-3-2 中填写其各部分名称。

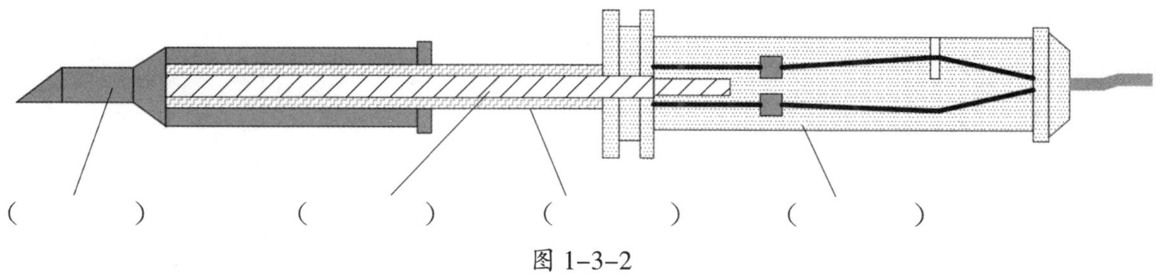

图 1-3-2

3．查阅资料，认识常用焊接工具及材料，在表 1-3-2 中填写其适用场合和特点。

表 1-3-2　　　　　　　　　　　　常用焊接工具及材料

图示	适用场合和特点
内热式电烙铁	
外热式电烙铁	
吸锡电烙铁	
恒温电烙铁	

4．查阅资料，简要说明电烙铁的使用注意事项。

5．手工焊接是一项基本功，即使在大规模生产的情况下，维护和维修也必须使用手工焊接。表 1–3–3 列出的是手握电烙铁的常用姿势，写出其应用场合。

表 1–3–3　　手握电烙铁的常用姿势

名称	图示	应用场合
反握法		
正握法		
握笔法		

6．焊接的正确操作步骤为准备、加热、加焊锡、撤锡、撤电烙铁，常称为“五步法”，如图 1-3-3 所示。查阅资料，写出各个步骤的操作要点和注意事项。

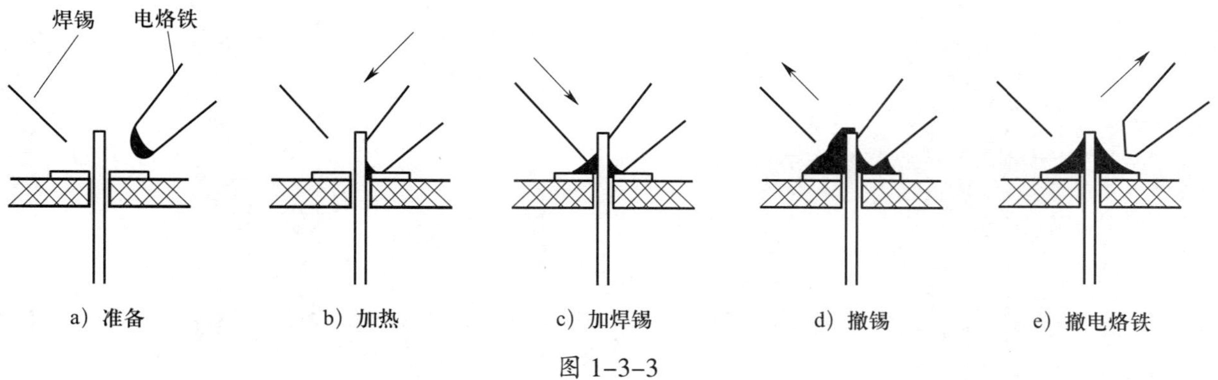

图 1-3-3

1）准备：

2）加热：

3）加焊锡：

4）撤锡：

5）撤电烙铁：

7．查阅资料，学习焊接工艺知识，根据表 1-3-4 列出的描述，判断图片中焊接质量是否合格，并将结果填写到表格中。

表 1-3-4　　焊接工艺描述及质量判断

工艺描述	图片	是否合格
无空缺区域或表面瑕疵；引脚和焊盘润湿良好；引脚可辨识；引脚周围 100% 有焊料填充		
焊点呈现不良润湿；辅面的焊点内可看到绝缘层		
引脚弯曲部位的焊料接触圆筒体或端子密封处		

8．元器件焊接的质量对电子设备的可靠性有很大影响，而焊接的质量又决定于操作的方法。在世界技能大赛电子技术项目中，根据国际电子工业联接协会制定的《电子组件的可接受性》（IPC-A-610）标准进行质量评价，其中规定，可接受的焊接必须在焊料与焊接面融合处显示出明显的润湿和黏着性。焊接的润湿角度（焊料与元件可焊端以及焊料与 PCB 的焊盘间）不可超过 90°（图 1-3-4a、图 1-3-4b）。例外的情况是当焊料轮廓延伸到可焊端边缘或阻焊剂时润湿角可以超过 90°（图 1-3-4c、图 1-3-4d）。

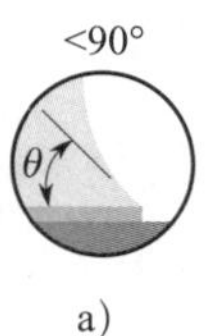

a)

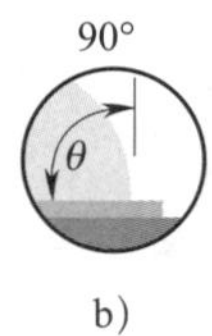

b)

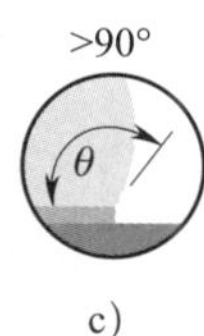

c)

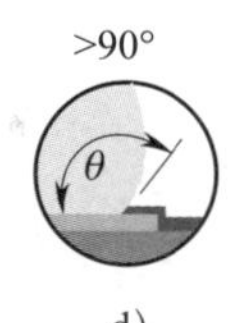

d)

图 1–3–4

查阅资料，学习相关工艺知识，根据表 1–3–5 中列出的焊点缺陷，进行焊接质量分析，并描述其原因。

表 1–3–5　　焊点缺陷及质量分析

焊点缺陷	图片	质量分析
焊料过多		外观：焊点呈凸形 原因：焊丝撤离过迟；上锡过多 危害：浪费焊料，可能包藏缺陷
焊料过少		外观：焊点未形成平滑面，焊料较少 原因：________________ ________________ 危害：强度不足
松香焊		外观：焊点中夹有松香渣 原因：________________ ________________ 危害：强度不足，导通不良
虚焊		外观：焊料与焊盘或元件引脚接触过大，不平滑 原因：________________ ________________ 危害：强度低，不导通或接触不良
过热		外观：焊点发白，光泽度不好，表面粗糙 原因：________________ ________________ 危害：焊盘容易脱落；容易造成元件失效
冷焊		外观：焊点表面粗糙，有时有裂纹 原因：________________ ________________ 危害：强度低，导电性差
拉尖		外观：焊点出现尖端 原因：________________ ________________ 危害：易造成桥接现象
桥接		外观：相邻焊点之间搭接 原因：________________ ________________ 危害：易造成电气短路
铜箔翘起、脱落		外观：焊点剥落、铜箔翘起 原因：________________ ________________ 危害：接触不良或断路

9．按照焊接工艺要求进行焊接练习，对焊接质量进行评价，将练习成果的质量评价、存在问题和解决方法记录在表 1–3–6 中。焊接时，为了设备与个人安全，应配备以下防护装备：

（1）焊接操作时必须使用合适的护目镜、防静电手环进行防护。

（2）穿带防静电功能并且不露出脚面及脚趾的鞋。

（3）当系统带电会危及身体或不确定是否带电时，操作必须戴绝缘手套。

（4）如为长发，必须戴工作帽，保证头发不会卷入设备。

（5）严禁使用有缺陷的人身防护用具。

表 1–3–6　焊接练习记录

质量评价	存在问题	解决方法

10．电子线路焊接

（1）检查元器件

根据表 1–3–7 所给出的元器件清单，检查电路制作所需要的元器件数量和规格，用万用表简单检测所得到的元器件是否完好、参数是否符合要求，记录下来。

表 1–3–7　元器件清单

序号	名称	规格	数量	是否完好
1	整流二极管	1N4007	4	
2	发光二极管	红	1	
3	电阻	1 kΩ	2	
4	电阻	36 Ω	1	
5	电解电容	1 000 μF	1	

续表

序号	名称	规格	数量	是否完好
6	瓷片电容	330 nF	1	
7	开关		1	
8	变压器		1	

（2）在电路板上布局元器件

根据电路原理图，先在图 1–3–5 或类似的绘图纸上绘制元器件的位置布局图，然后根据所给的多功能电路板，观察电路板的铜箔分布，注意焊盘孔之间是否有电气连接，对元器件的安装位置进行设计布局。

布局的基本原则是：基本按电路原理图的顺序布局，并要求元器件分布整齐美观，元器件放置相互平行或者相互垂直。

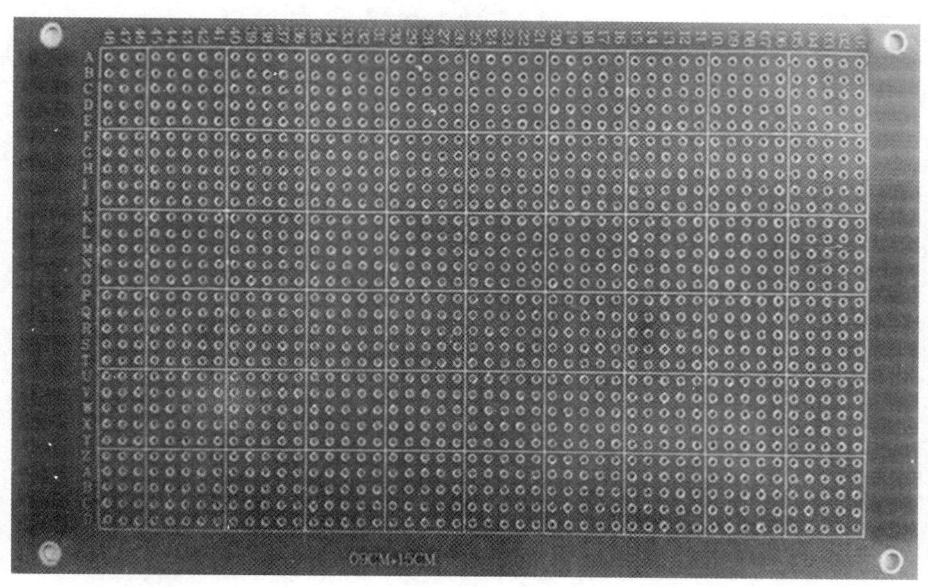

图 1–3–5

（3）在电路板上焊接元器件

完成元器件在电路板上的放置后，在电路板背面（敷铜面）把元器件焊接好，然后再根据电路原理图，逐级把应该连接的点用导线焊接住。

（4）检查电路的正确性

焊接完成后，检查电路的连接是否正确，并检查是否有虚焊或焊接错误，检查对应位置元器件的参数是否正确，如有错误进行纠正。然后，在电源的输入端引入两个接线柱或装上插接件。经检查无误后可以进入电路测试步骤。

11．电子线路测试

经检查无误的电路板，一般接通电源就可以正常工作，如果有故障，回到上面的步骤重新检查修复。如果电路正常工作，用示波器对不同位置进行测试，并对测试结果进行描述，记录在表 1–3–8 中。

表 1-3-8　　　　电子线路测试

测试位置	参考测试结果	测试描述
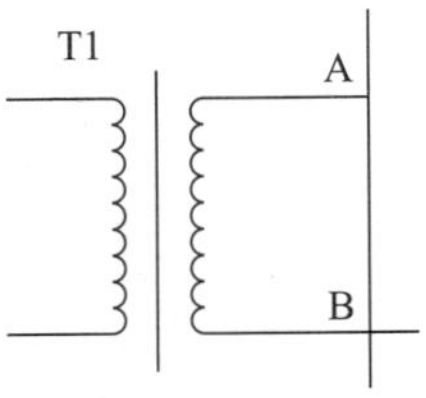 T1 A B	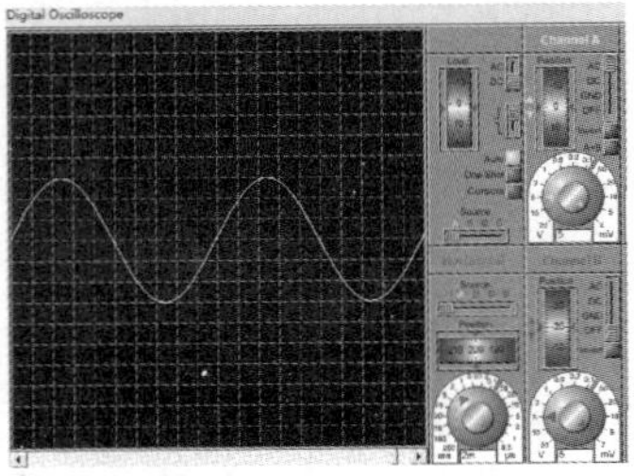 Digital Oscilloscope	1. 测试结果： 2. 峰－峰值：
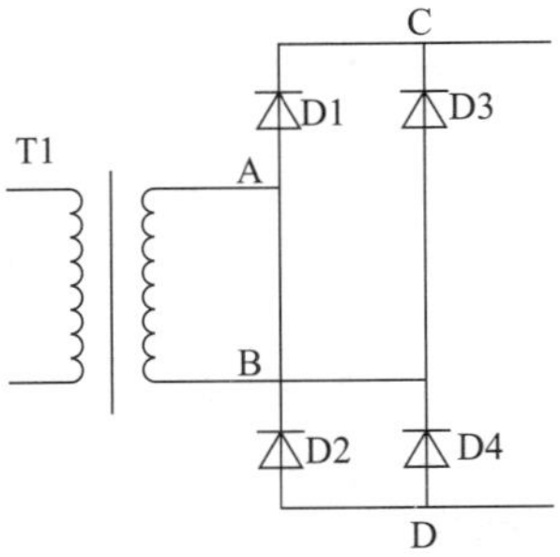 C D1 D3 T1 A B D2 D4 D	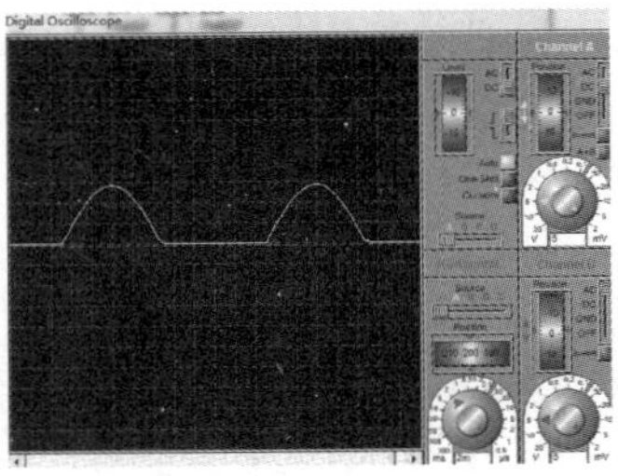 Digital Oscilloscope	1. 测试结果： 2. 输出电压平均值：
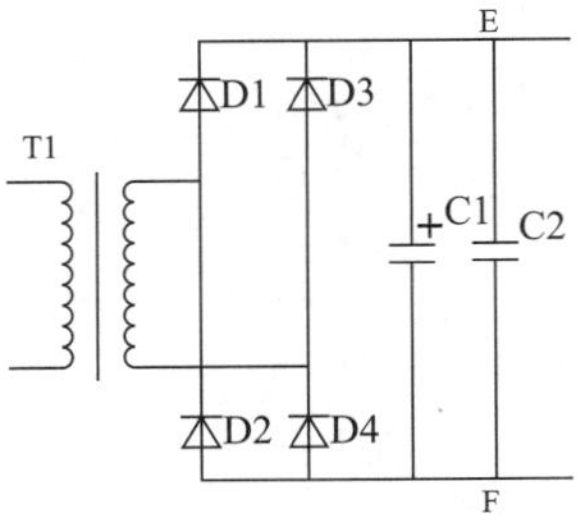 E D1 D3 T1 C1 C2 D2 D4 F	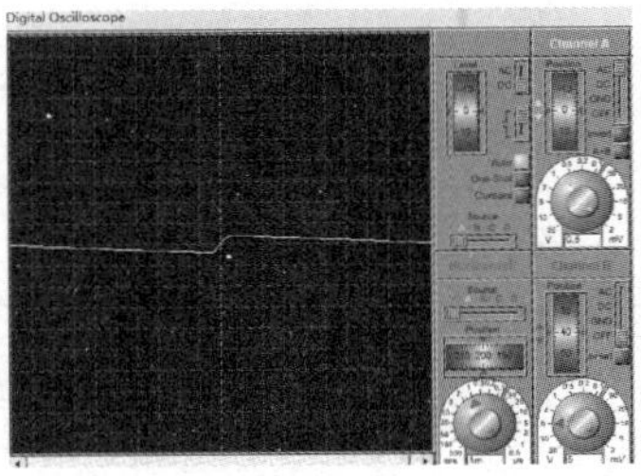 Digital Oscilloscope	1. 测试结果： 2. 滤波电路输出电压：

三、检查与验收

1. 自检和互检（表 1-3-9）

表 1-3-9　　　　自检和互检记录

检查项目	自检结果	互检结果

2．产品验收（表 1–3–10）

表 1–3–10　　产品验收记录

存在问题	整改措施	完成时间

四、任务测评

本任务参考世界技能大赛评价体系和评价标准进行评价，其评分标准分为主观和客观两类，由客观数据表述和主观描述评判两部分组成，见表 1–3–11。

表 1–3–11　　任务评分表

考核项目		评分标准	分值	得分
装接	布线	1．元器件布局合理、位置安装正确 2．导线横平、竖直，转角成直角，无交叉 3．元件间连接关系和电路原理图一致	20	
	插件	1．电阻器、二极管水平安装，贴近电路板 2．元件安装平整、对称 3．按图装配，元件的位置、极性正确	20	
	焊接	1．电阻器、电容器等元器件的焊接方式符合 IPC–A–610 标准 2．焊接工艺符合 IPC–A–610 标准 3．无漏焊、虚焊、假焊、搭焊等现象 4．焊接后元件引脚剪脚留头长度小于 1 mm	20	
总装		1．导线连接正确，绝缘恢复良好 2．组装工艺符合 IPC–A–610 标准 3．紧固件牢固可靠	10	
测试		1．按测试要求和步骤正确测量 2．正确使用万用表 3．正确使用示波器观察波形	20	
职业素养		1．安全用电，不人为损坏元器件、加工件和设备等 2．保持工作环境整洁、秩序井然，操作习惯良好 3．无违规行为	10	
合计			100	

任务评分表中的装接与总装部分，参照世界技能大赛电子技术项目的评价标准（IPC-A-610），见表 1-3-12。

表 1-3-12 装接与总装评价标准

项目	分值	评价标准
电路板完整程度	0	不合格（有部分元件未装完 / 存在大量缺陷 / 有引脚损坏等严重隐患）
	1	符合行业标准（安装完毕，有多处可接受范围内的偏差）
	2	符合行业标准，且部分略高于标准（存在少数可接受范围内的偏差）
	3	完美（没有发现任何失误）
元件安装	0	不合格（有元件错装、漏装 / 大部分元件方向不一致 / 有引脚短路等严重隐患）
	1	符合行业标准（部分元件方向不一致 / 部分元件引脚高度不一致）
	2	符合行业标准，且部分略高于标准（存在极少的不规范情况）
	3	完美（没有发现任何失误）
焊接质量	0	不合格（存在漏焊 / 大部分元件虚焊 / 有引脚短路等严重隐患）
	1	符合行业标准（部分元件焊点不规范 / 电路板板面不美观）
	2	符合行业标准，且部分略高于标准（存在极少的不规范情况）
	3	完美（没有发现任何失误）
元件损坏	0	不合格（过多元件由于焊接表面封装损坏 / 过多元件更换）
	1	符合行业标准（有部分元件损坏 / 更换）
	2	符合行业标准，且部分略高于标准（存在极少的元件损坏）
	3	完美（没有元件损坏）

学习活动 4　评价与总结

学习目标

1. 能以小组形式，对学习过程和实训成果进行汇报总结。
2. 完成对学习过程的综合评价。

建议学时：4 学时

学习过程

一、成果展示

以小组为单位，选择演示文稿、展板、海报、视频等形式中的一种或几种向全班汇报学习过程，展示学习成果。

二、综合评价

参考世界技能大赛的评价标准、理念，针对本任务的学习情况，根据表 1–4–1 所列综合评价标准进行评分。

表 1–4–1　　综合评价标准

评价项目	评价内容及标准	配分	评分		
			自我评价	小组评价	教师评价
工作组织和管理	团队合作，合理计划，高效管理时间	3			
	定期检查工作进展和成果	3			
	保证高质量标准完成工作	4			
沟通能力	深度咨询客户，完全理解其要求	5			
	提供明确说明，为客户提供书面报告	5			
计划创新能力	定期检查工作，最小化问题	5			
	提出创新性、可行性建议，提高客户满意度	5			

续表

评价项目	评价内容及标准	配分	评分		
			自我评价	小组评价	教师评价
设计安装能力	根据要求设计图样，正确选用元器件	20			
	按照相关技术标准完成电路的装接	30			
维修能力	使用、测试、校准测量设备	5			
	修复检查验收中发现的问题	15			
学生姓名		综合评价得分			
指导教师		日期			

三、工作总结

回顾本任务的学习过程，从电路原理的分析、电路板制作、测量等方面进行归纳，对学习工作工程中出现的问题进行反思与总结，优化方案和策略。

学习收获

世赛知识

世界技能大赛电子技术项目

世界技能大赛（World Skills Competition，WSC）是迄今全球地位最高、规模最大、影响力最大的职业技能竞赛，被誉为“世界技能奥林匹克”，其竞技水平代表了职业技能发展的世界先进水平，是世界技能组织成员展示和交流职业技能的重要平台。世界技能大赛由世界技能组织（World Skills International，WSI）举办，每两年一届，截至 2019 年已成功举办 45 届。

世界技能大赛竞赛项目分为六个大类，包括：运输与物流、结构与建筑技术、制造与工程技术、信息与通信技术、创意艺术与时尚。制造与工程技术包含电子技术、工业控制、机电一体化等 16 个项目。

其中，电子技术（Electronics）项目是指运用电子元器件设计和制作某种特定功能的电路或编制特定功能要求的程序代码以解决实际问题的竞赛项目。比赛中，对选手的技能要求主要包括：电路原理设计、PCB 设计、电路板安装与调试、嵌入式系统程序设计、电路故障查找与维修等；了解模拟、数字、高频、嵌入式系统等电路相关的工作原理和参数；熟练掌握电子 EDA 软件操作、C 语言程序代码编制、各类电子仪器仪表及工具使用、电路板装调及静电防护（ESD）、过程数据记录及分析等。

学习任务二　扩音器电路的组装与测试

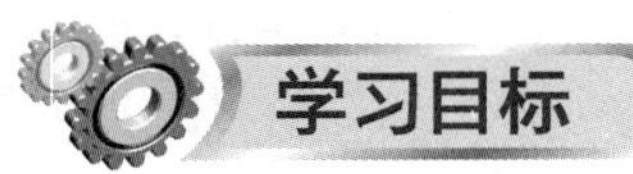

学习目标

1. 能通过阅读工作任务交底单，明确工作内容及任务要求。
2. 能叙述三极管的功能、特性等基本知识，并应用相关知识对电路原理进行分析。
3. 能根据原理图正确选择元器件，并对所选元器件进行检测。
4. 能正确识读原理图，分析多级放大电路的工作原理。
5. 能按照任务要求制定工作实施方案。
6. 能按照图样及电子装接的工艺规范独立装接电子线路。
7. 能正确运用仪器仪表对装接后的电子线路进行测试，并记录、分析其测试结果。
8. 能自觉遵守作业规范，完成工作的检查和验收，自觉清理场地、归置物品。
9. 能对学习过程和实训成果进行总结汇报，完成对学习过程的综合评价。

建议学时

36 学时

工作情境描述

校外公益活动中，电气学院要为某幼儿园制作 5 套扩音器，要求学生在教师的指导下按给定图样完成扩音器元器件的选择、焊接、调试，并交付有关人员验收。

工作流程与活动

1．明确工作任务
2．施工前准备
3．现场施工
4．评价与总结

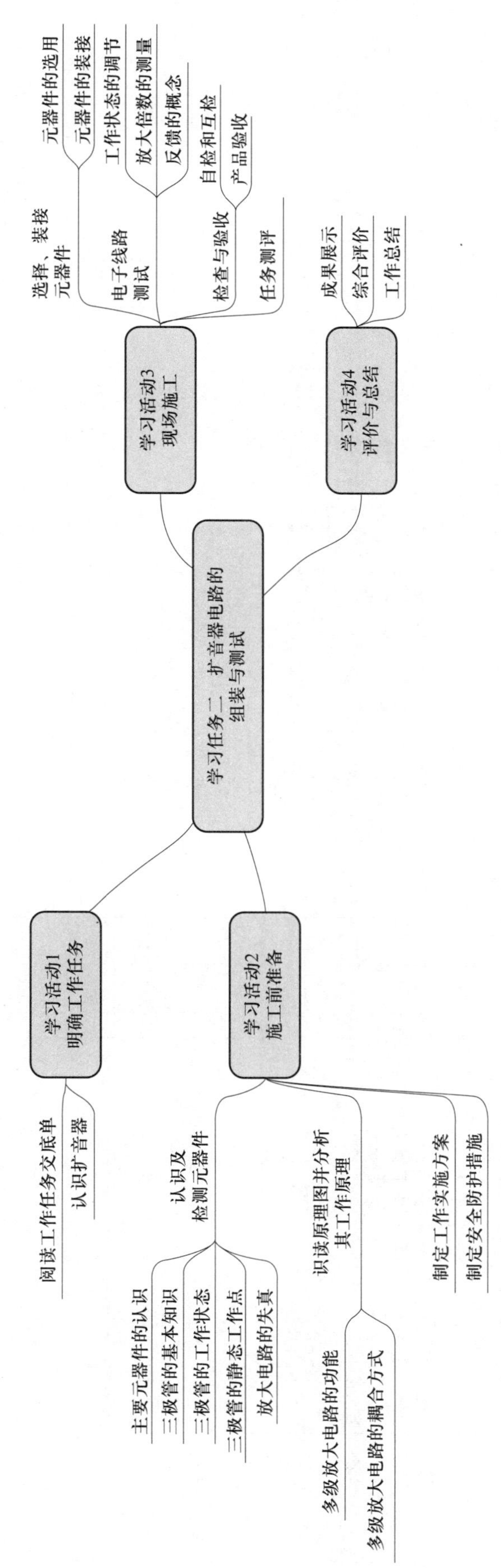
学习任务二　扩音器电路的组装与测试
学习活动1 明确工作任务
阅读工作任务交底单
认识扩音器
学习活动2 施工前准备
认识及检测元器件
主要元器件的认识
三极管的基本知识
三极管的工作状态
三极管的静态工作点
放大电路的失真
识读原理图并分析其工作原理
多级放大电路的功能
多级放大电路的耦合方式
制定工作实施方案
制定安全防护措施
学习活动3 现场施工
选择、装接元器件
元器件的选用
元器件的装接
电子线路测试
工作状态的调节
放大倍数的测量
反馈的概念
检查与验收
自检和互检
产品验收
任务测评
学习活动4 评价与总结
成果展示
综合评价
工作总结

学习活动 1　明确工作任务

学习目标

1. 能通过阅读工作任务交底单，明确工作内容及任务要求。
2. 能认识新增元器件的功能，分析其工作原理。

建议学时：4 学时

学习过程

一、阅读工作任务交底单

根据工作情境描述，阅读并补全工作任务交底单（表 2–1–1），熟知本次任务的工作内容及任务要求等要素信息。

表 2–1–1　　工作任务交底单

任务名称	扩音器电路的组装与测试				
定额时间		实际时间		完成人	
任务内容	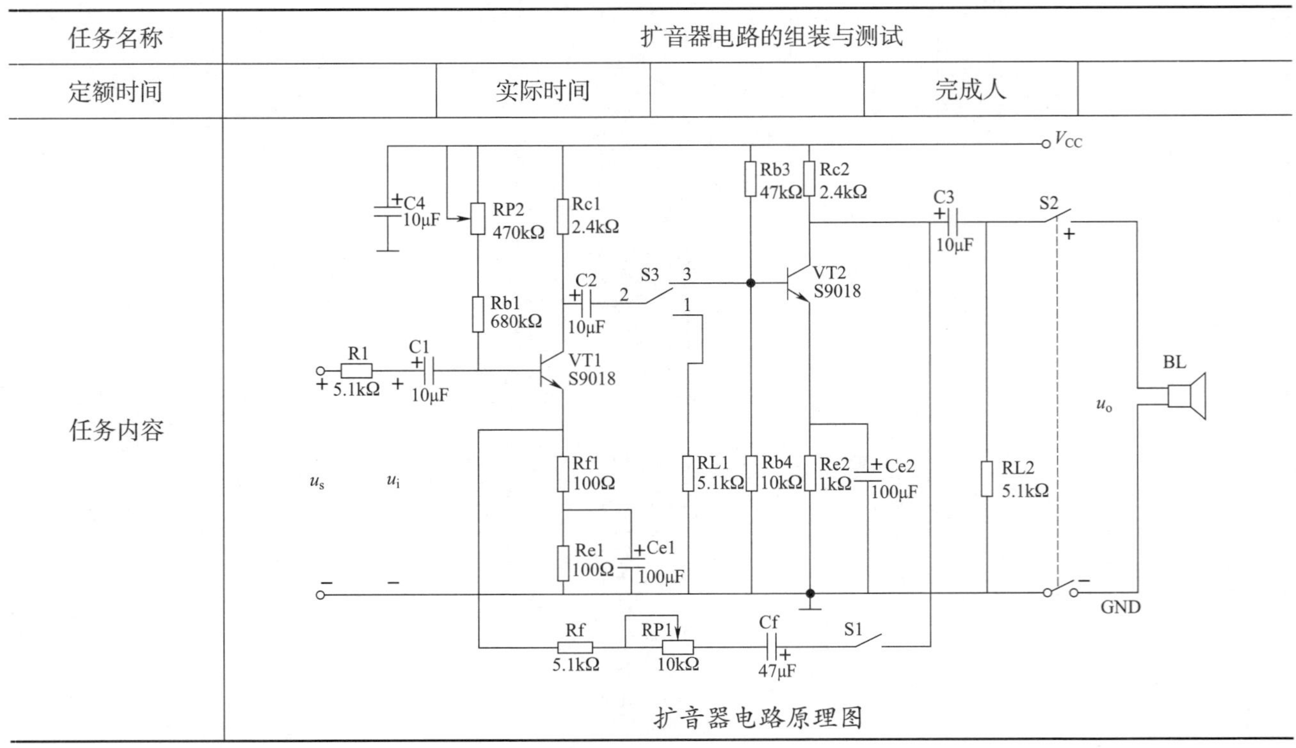 扩音器电路原理图				

续表

任务内容	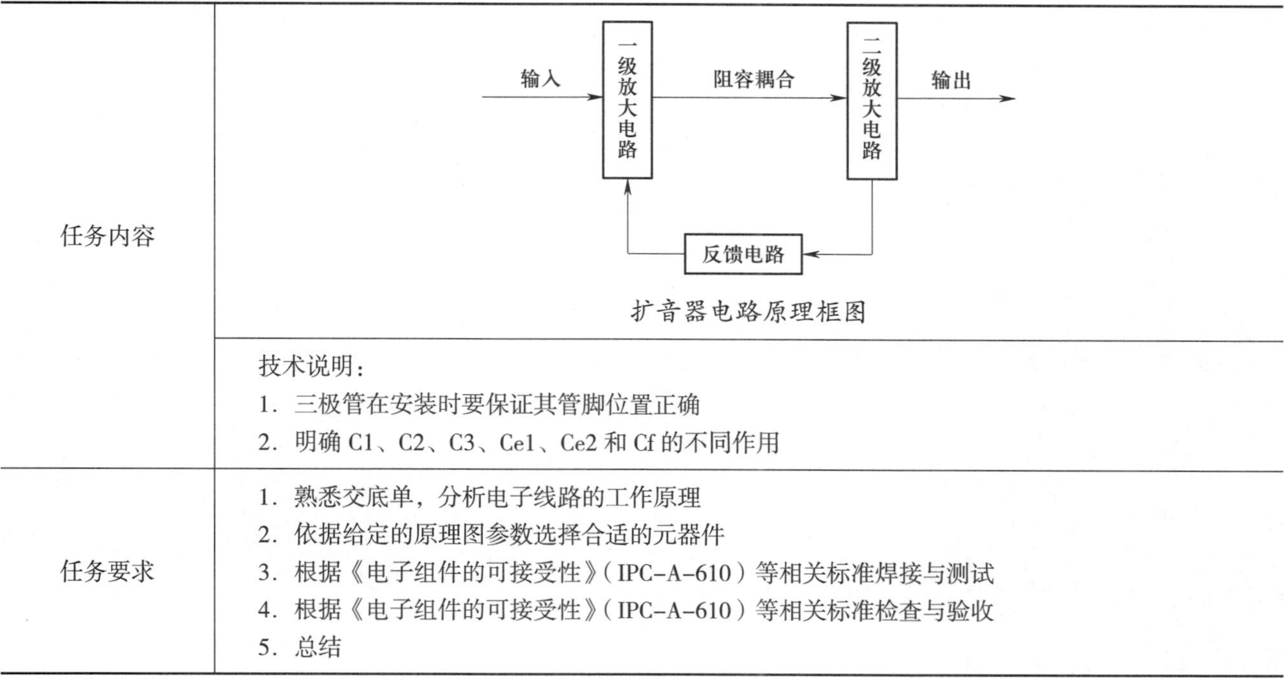 扩音器电路原理框图
	技术说明： 1. 三极管在安装时要保证其管脚位置正确 2. 明确 C1、C2、C3、Ce1、Ce2 和 Cf 的不同作用
任务要求	1. 熟悉交底单，分析电子线路的工作原理 2. 依据给定的原理图参数选择合适的元器件 3. 根据《电子组件的可接受性》（IPC-A-610）等相关标准焊接与测试 4. 根据《电子组件的可接受性》（IPC-A-610）等相关标准检查与验收 5. 总结

二、认识扩音器

扩音器是一种常见的放大器，如图 2-1-1 所示，声音先经过话筒转换成随声音强弱变化的电信号，再送入电压放大器和功率放大器进行放大，最后通过扬声器把放大的电信号还原成比原来响亮得多的声音。查阅资料，回答后面的问题。

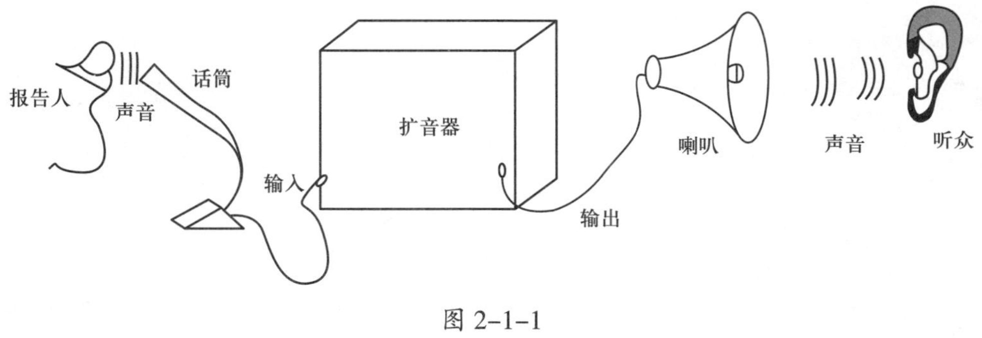

图 2-1-1

1．结合图 2-1-1，简述扩音器电路的组成及各部分的功能。

2．扬声器在使用的过程中会出现失真现象，信号在传输过程中与原有信号或标准相比有所偏差，使声音听起来有异常的感觉。为避免失真及反馈啸叫现象，使用扩音器时应注意什么问题?

学习活动 2　施工前准备

学习目标

1. 能根据原理图正确选择元器件型号、规格和数量。
2. 能叙述三极管的功能、特性及应用。
3. 能对选择的元器件进行正确检测。
4. 能正确识读原理图，分析多级放大电路的工作原理。
5. 能按照任务要求制定工作实施方案。

建议学时：12 学时

学习过程

参考资料

电子技术基础（第六版）
§ 2–1　半导体三极管
§ 2–2　共射极基本放大电路
电子电路基本技能训练
第一单元课题一　电子元器件的识别与测试

一、认识及检测元器件

1．识读原理图，对照表 2–2–1，认识所用元器件。除表 2–2–1 中所列外，还用到了哪些元器件？在表 2–2–1 中补充。

表 2–2–1　认识所用元器件

元器件	名称	符号	在电路中的作用

续表

元器件	名称	符号	在电路中的作用

2．三极管是电子电路的核心器件之一，具有放大作用，通过一定工艺将两个PN结结合在一起就构成了三极管，在模拟电路中它可以用于构成各种放大器，以及各种信号波形的产生、变换和处理电路；在数字电路中它可以起开关控制作用。根据结构不同，三极管可以分为哪两种类型？查阅资料，写出两种不同结构类型三极管的名称，并画出其符号。

3．图 2–2–1 所示是 NPN 型和 PNP 型三极管的结构示意图，它由包含两个 PN 结的三层半导体制成，每层半导体的引出电极分别为发射极 e、基极 b 和集电极 c，对应的三个区称为发射区、基区和集电区。发射区和基区之间形成的 PN 结称为发射结，集电区与基区之间形成的 PN 结称为集电结。在图中正确位置标出三极管三个极和 PN 结的名称。

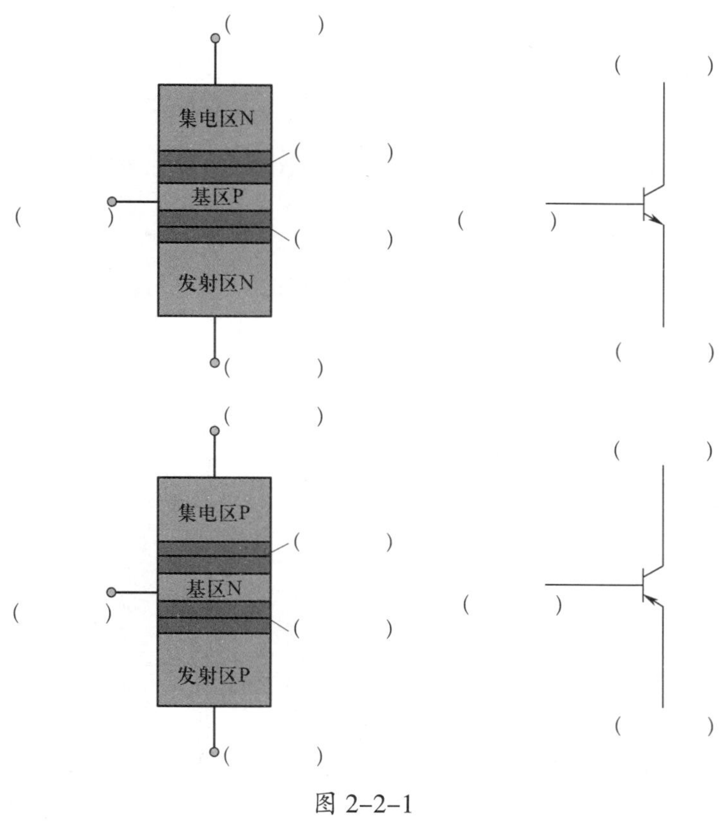

图 2–2–1

4．在电路实践应用中，需要根据三极管的外观标识及形状判别引脚，将常用三极管引脚的排列记熟。查阅资料，在图 2–2–2 中标出三极管三个引脚的名称。

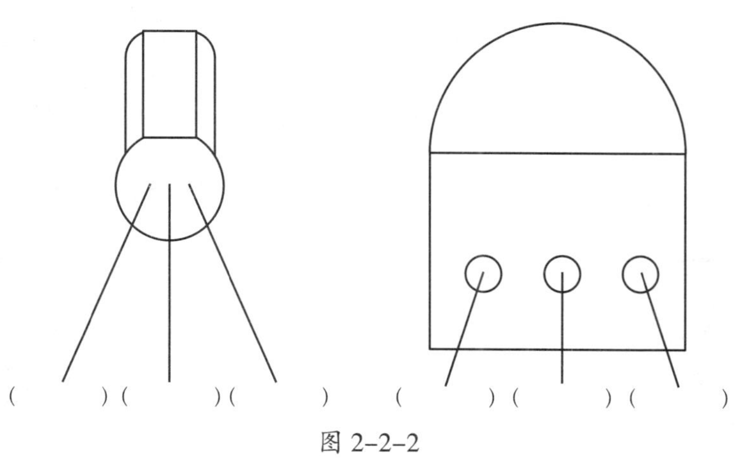

图 2–2–2

5．用三极管组成放大电路时，根据公共端（电路中各点电位的参考点）不同，有三种连接方法，即共发射极电路、共集电极电路和共基极电路。如图 2-2-3 所示，V_{BB} 为基极电源电压，用于提供发射结正偏电压，Rb 为限流电阻；V_{CC} 为集电极电源电压，它通过 Rc、集电结、发射结形成回路。

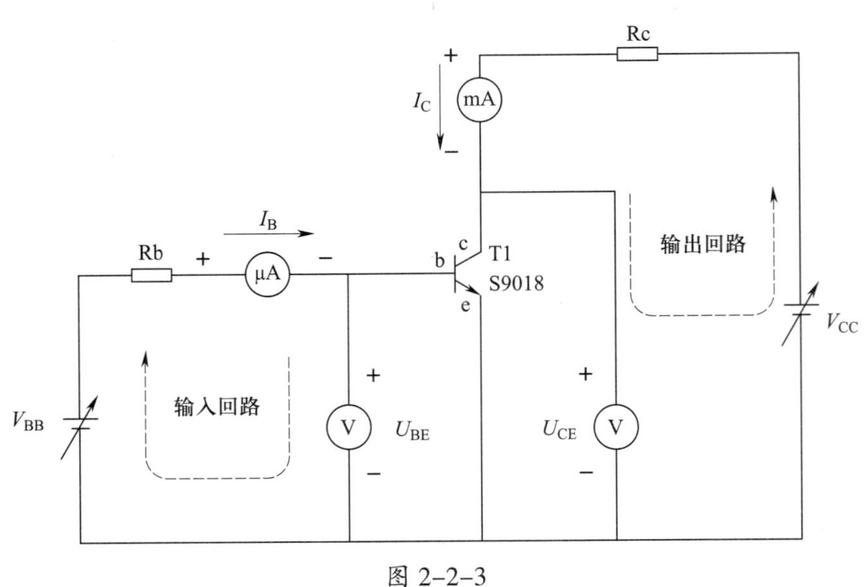

图 2-2-3

三极管有放大电流的作用，其电流放大系数 β 体现了三极管的电流放大能力，由三极管的本身特性来决定。一般用三极管的伏安特性曲线来描述三极管的特性。三极管的伏安特性曲线分成两部分：输入特性曲线和输出特性曲线。输入特性曲线是指当三极管的集电极、射极间电压 U_{CE} 一定时，基极电流与基极、射极间电压 U_{BE} 之间的关系曲线。输出特性曲线是指当三极管基极电流 I_B 为常数时，集电极电流 I_C 与集电极、射极间电压 U_{CE} 之间的关系曲线。特性曲线可用三极管特性图示仪测得，也可以用实验电路测得。根据图 2-2-4 所示三极管输入特性曲线和输出特性曲线，回答后面的问题。

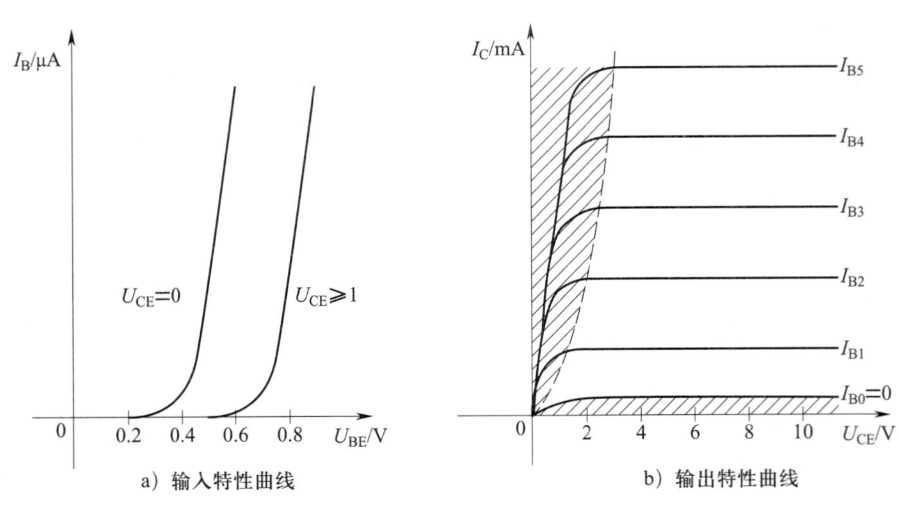

图 2-2-4

（1）根据三极管的工作状态不同，可将其输出特性曲线分为截止区、放大区、饱和区三个工作区域，在三极管输出特性曲线图上对应位置填写三个工作区域的名称，并判断 I_B 大小。

（2）三极管工作在饱和区时，其发射结（　　　）偏置，集电结（　　　）偏置，三极管处于（　　　）工作状态；三极管工作在放大区时，其发射结（　　　）偏置，集电结（　　　）偏置，三极管处于（　　　）工作状态；三极管工作在截止区时，其发射结（　　　）偏置，集电结（　　　）偏置，三极管处于（　　　）工作状态；三极管工作在（　　　）区，具有电流放大作用，常用来构成各种放大电路。三极管工作在（　　　）区和（　　　）区，相当于开关的断开和接通，常用于开关控制和数字电路。

（3）已知各引脚的电压值分别如图 2–2–5 中所示，判断各三极管分别工作在什么区。

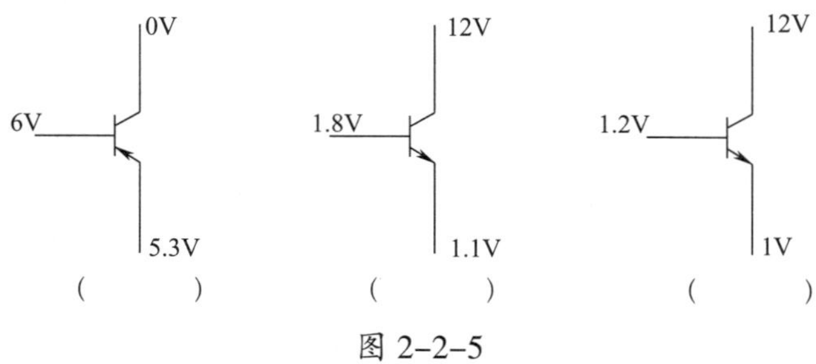

（　　　）　（　　　）　（　　　）

图 2–2–5

6．在原理图中有 VT1 和 VT2 两个三极管，根据三极管的符号和型号，查阅相关资料，确定电路中三极管的类型及材料，在表 2–2–2 中正确项目后的空格中画“√”。

表 2–2–2　三极管的类型与材料

三极管类型	PNP		NPN	
工作频率	高频		低频	
芯片材料	硅		锗	

7．查阅资料，根据三极管输入输出特性，使用万用表判别三极管 S9018 的引脚。在图 2-2-6 中标出引脚名称，并说明判断理由。

图 2-2-6

8．只在直流电源作用下（u_i=0）分析电路中各直流量的大小称为直流分析（或称为静态分析），由此而确定的各极直流电压和电流称为静态工作点参量。如图 2-2-7 所示，三极管可以工作在截止、放大和饱和状态。如果三极管工作在截止与饱和状态，信号就不能得到有效放大；如果三极管虽然处于放大状态，但比较靠近截止或饱和状态，则当输入交流信号幅度略大或者工作点不稳定时，放大电路便有可能进入截止区或者饱和区。

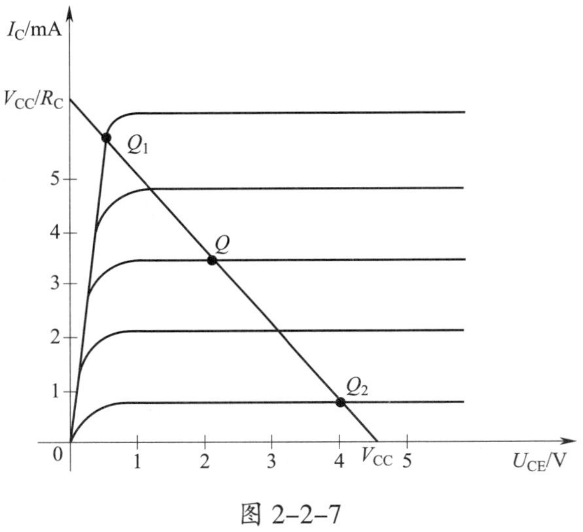

图 2-2-7

通过以上分析可知，静态工作点应设置在特性曲线（　　　　）区的（　　　　）位置时，三极管的静态工作状态比较合适。

9．当三极管的静态工作状态合适时，三极管集－射间的电压 U_{CEQ} 大约是电源电压的一半。因此，可以用数字式万用表的直流电压挡测试三极管集－射间的电压 U_{CE} 的大小，以此判断电路工作状态是否合适。根据表 2-2-3 中集－射间的电压 U_{CE} 测量值及三极管工作区间，填写表格，判断三极管工作状态是否合适，若不合适，写出应如何调节到合适的工作状态。

表 2-2-3　测量值与工作状态的关系

集－射间电压 U_{CE}	工作区间	是否合适	如何调节到合适的工作状态
约为电源电压的一半	放大区中部		
接近于零	饱和或接近饱和		
接近于电源电压	截止或接近截止		

10．如图 2-2-8 所示，输入交流信号，在放大电路的输出端，信号波形的负半周部分失真，这种失真称为放大电路的截止失真，根据波形图分析：出现截止失真的原因是什么？如何解决截止失真的问题？

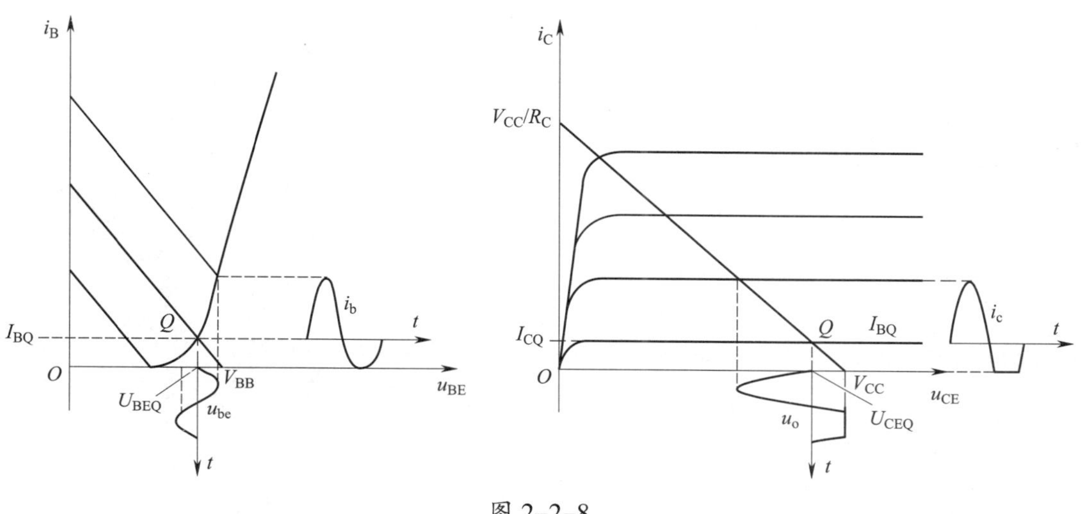

图 2-2-8

11．如图 2-2-9 所示，输入交流信号，在放大电路的输出端，信号波形的负半周部分失真，这种失真称为放大电路的饱和失真，根据波形图分析：出现饱和失真的原因是什么？如何解决饱和失真的问题？

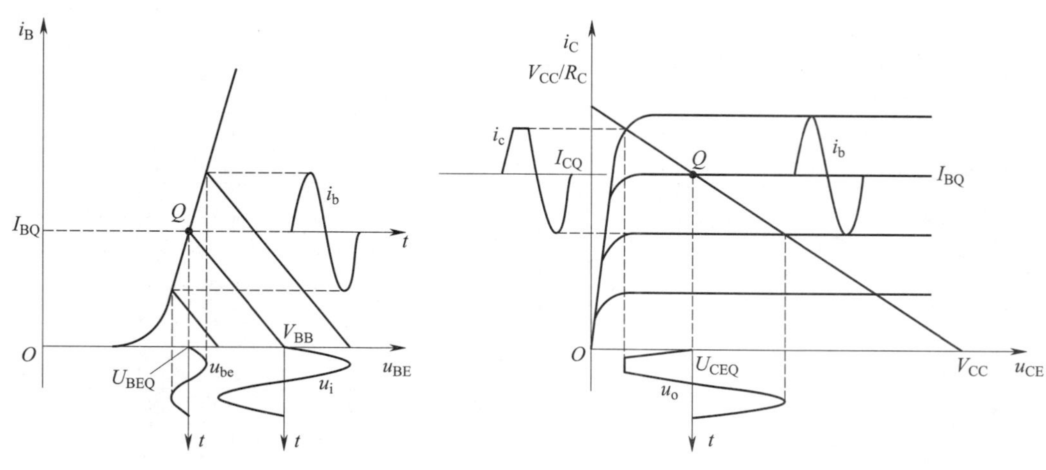

图 2-2-9

12．在世界技能大赛中，相关技术资料均采用英文撰写，在实际工作中，采用进口的设备、元器件，或查阅外国技术资料时，也会遇到英文文件。因此，作为电子技术行业的工作人员，应具备一定的英文技术文件阅读能力。阅读图 2–2–10 所示 S9018 的英文资料，熟悉它的引脚排列及参数特性等知识，并写出 S9018 三极管直流放大系数的取值范围。

S9018 TRANSISTOR (NPN)

TO – 92

1.EMITTER

2.BASE

3.COLLECTOR

FEATURES

- High Current Gain Bandwidth Product

MAXIMUM RATINGS (T_a=25℃ unless otherwise noted)

Symbol	Parameter	Value	Unit
V_{CBO}	Collector-Base Voltage	25	V
V_{CEO}	Collector-Emitter Voltage	18	V
V_{EBO}	Emitter-Base Voltage	4	V
I_C	Collector Current -Continuous	50	mA
P_C	Collector Power Dissipation	0.4	W
$R_{\theta JA}$	Thermal Resistance From Junction To Ambient	312.5	℃/W
T_j	Junction Temperature	150	℃
T_{stg}	Storage Temperature	-55~+150	℃

ELECTRICAL CHARACTERISTICS (T_a=25℃ unless otherwise specified)

Parameter	Symbol	Test conditions	Min	Typ	Max	Unit
Collector-base breakdown voltage	$V_{(BR)CBO}$	I_C=100μA,I_E=0	25			V
Collector-emitter breakdown voltage	$V_{(BR)CEO}$	I_C=0.1mA,I_B=0	18			V
Emitter-base breakdown voltage	$V_{(BR)EBO}$	I_E=100μA,I_C=0	4			V
Collector cut-off current	I_{CBO}	V_{CB}=20V,I_E=0			0.1	nA
Collector cut-off current	I_{CEO}	V_{CE}=15V,I_B=0			0.1	μA
Emitter cut-off current	I_{EBO}	V_{EB}=3V,I_C=0			0.1	μA
DC current gain	h_{FE}	V_{CE}=5V, I_C=1mA	28		270	
Collector-emitter saturation voltage	$V_{CE(sat)}$	I_C=10mA,I_B=1mA			0.5	V
Base-emitter saturation voltage	$V_{BE(sat)}$	I_C=10mA,I_B=1mA			1.42	V
Transition frequency	f_T	V_{CE}=5V,I_C=50mA,f=400MHz		800		MHz

CLASSIFICATION OF h_{FE}

RANK	D	E	F	G	H	I	J
RANGE	28-45	39-60	54-80	72-108	97-146	132-198	180-270

图 2–2–10

二、识读原理图并分析其工作原理

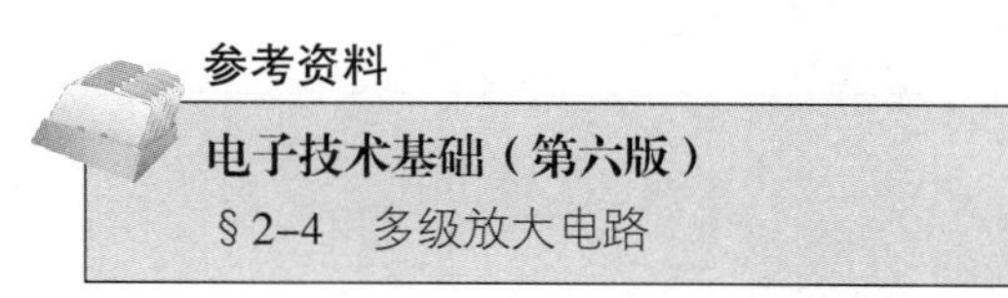

基本单元放大电路的放大倍数等参数通常很难满足实际需求，因此，实际应用时需将两级或两级以上的基本单元放大电路连接起来，组成多级放大电路。

多级放大电路有直接耦合、阻容耦合、变压器耦合三种耦合方式。在图 2-2-11 中分别圈出第一级放大电路和第二级放大电路，判断其分别属于哪一类基本单元放大电路，并分析：二级放大电路属于哪一种耦合方式？该耦合方式有什么特点？

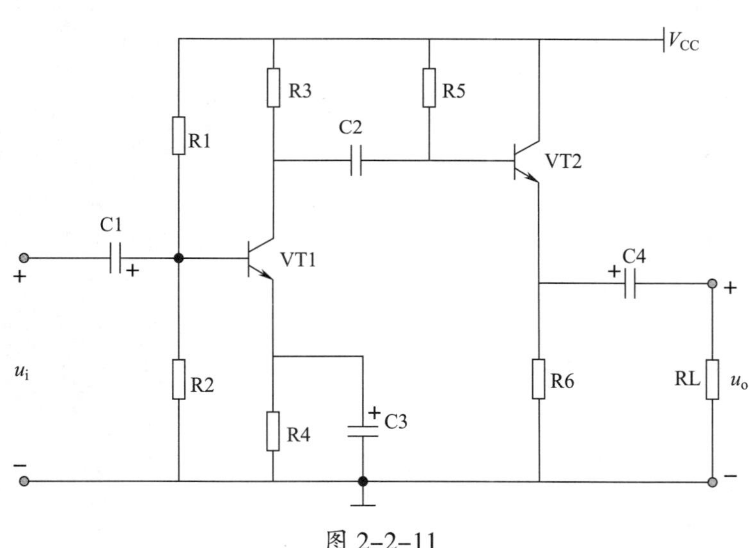

图 2-2-11

三、制定工作实施方案

通过工作实施方案的制定，明确任务分工，明确基本工序流程。

扩音器电路的组装与测试任务工作实施方案

一、人员分工

1．小组负责人：________________

2．小组成员及分工

姓名	分工

二、工具、材料清单

<table>
<tr><th>类别</th><th colspan="5">项目内容</th><th>备注</th></tr>
<tr><td>工具</td><td colspan="5"></td><td></td></tr>
<tr><td>仪表</td><td colspan="5"></td><td></td></tr>
<tr><td rowspan="10">元器件与器材</td><td>代号</td><td>名称</td><td>型号</td><td>规格</td><td>数量</td><td rowspan="10"></td></tr>
<tr><td></td><td></td><td></td><td></td><td></td></tr>
<tr><td></td><td></td><td></td><td></td><td></td></tr>
<tr><td></td><td></td><td></td><td></td><td></td></tr>
<tr><td></td><td></td><td></td><td></td><td></td></tr>
<tr><td></td><td></td><td></td><td></td><td></td></tr>
<tr><td></td><td></td><td></td><td></td><td></td></tr>
<tr><td></td><td></td><td></td><td></td><td></td></tr>
<tr><td></td><td></td><td></td><td></td><td></td></tr>
<tr><td></td><td></td><td></td><td></td><td></td></tr>
</table>

三、工序及工期安排

序号	工作内容	完成时间	备注

四、制定安全防护措施

在世界技能大赛中，参赛选手不仅要注意提高自己的技能操作水平，而且不能出现违反竞赛规则、操作规范和安全要求的行为。同样地，在平时的学习和任务实施过程中，也要注意养成良好的职业规范和遵守规则的意识，使工作过程符合操作规范和安全要求，采取正确的安全防护措施。结合世界技能大赛的技术资料学习相关知识，针对本任务，与学习任务一进行比较，安全防护措施应做哪些调整？将本任务增加的新的安全防护措施记录下来。

学习活动3 现 场 施 工

学习目标

1. 能按照图样及电子装接的工艺规范独立装接电子线路。

2. 能运用仪器仪表对装接后的电子线路进行测试，记录其测试结果并进行分析。

3. 能自觉遵守作业规范，完成工作的检查和验收，自觉清理场地、归置物品。

建议学时：16学时

学习过程

一、选择、装接元器件

1．检查元器件

根据表2–3–1所给出的元器件清单，检查电路制作所需要的元器件数量和规格，用万用表简单检测所得到的元器件是否完好、参数是否符合要求，记录下来。

表2–3–1　　元器件清单

序号	名称	规格	数量	是否完好
1	三极管	S9018	2	
2	电阻	1 kΩ	2	
3	电阻	100 Ω	1	
4	电阻	2.4 kΩ	3	
5	电阻	4.7 kΩ	1	
6	电阻	5.1 kΩ	3	
7	电阻	10 kΩ	1	
8	电阻	680 kΩ	1	

续表

序号	名称	规格	数量	是否完好
9	电位器	470 kΩ	1	
10	电位器	10 kΩ	1	
11	电解电容	100 μF	2	
12	电解电容	10 μF	4	
13	电解电容	47 μF	1	
14	单排插针	2P	2	
15	插片		5	
16	PCB		1	

2．在电路板上布局元器件

根据电路原理图，先在图 2–3–1 或类似的绘图纸中绘制元器件的位置布局图，然后根据所给的多功能电路板，观察电路板的铜箔分布，注意焊盘孔之间是否有电气连接，对元器件的安装位置进行设计布局。

在设计布局时应注意：

（1）三极管垂直安装，三极管的底部离开电路板 10 mm，安装时注意引脚极性。

（2）电阻及电位器紧贴电路板水平安装。

（3）电容垂直安装，底部离开电路板 5 mm。

（4）安装时注意正负极性。

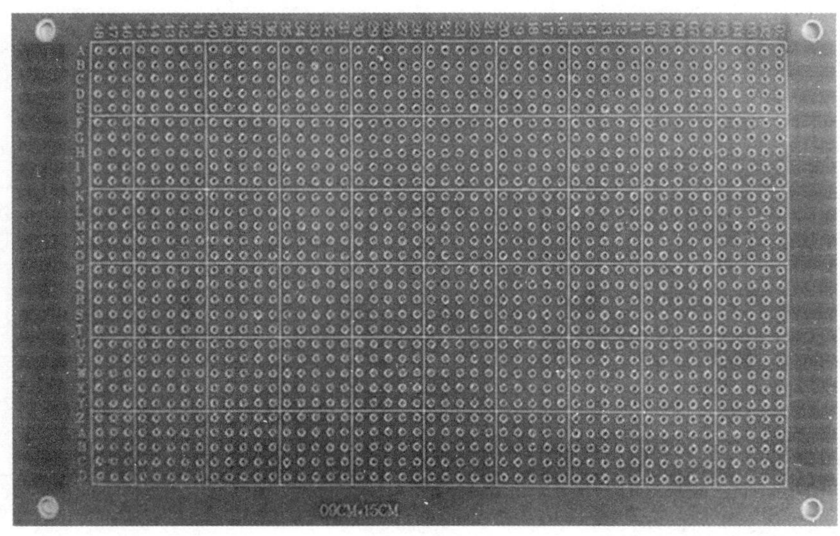

图 2–3–1

3．完成元器件在电路板上的放置后，在电路板背面（敷铜面）把元器件焊接好，然后根据电路原理图，逐级把应该连接的点用导线焊接住。

4．检查电路的正确性

焊接完成后，检查电路的连接是否正确，并检查是否有虚焊或焊接错误，检查对应位置元器件的参数是否正确无误，如果有错误进行纠正。然后，在电源的输入端引入两个接线柱或装上插接件。经检查无误后可以进入电路测试步骤。

二、电子线路测试

1．把经过检查的装接好的电路板接上 9 ~ 12 V 直流电源。测量各级的静态工作点，用万用表测量各级三极管的 c、e 端电压，判断工作点是否合适。如果第一级电路工作点过高或者过低，调节 RP2 可变电阻，使电路静态工作点处于正常状态。在表 2–3–2 中记下各级工作状态测量值。

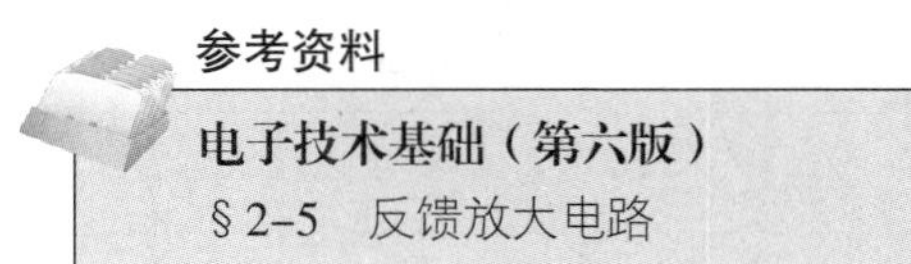

参考资料

电子技术基础（第六版）

§2–5　反馈放大电路

表 2–3–2　　直流工作状态的调节（V_{CC}=12 V）

级数	U_C / V	U_B / V	U_E / V	I_C / mA
第 1 级				
第 2 级				

2．调试到合适的静态工作点后，将信号输入端接入信号发生器，信号发生器的正弦交流信号频率设置在 1 kHz，输出电压值约几毫伏至十几毫伏；然后在输入、输出端接上双踪示波器。调节输入信号电压的大小，同时观察输入、输出电压波形，使输出电压达到最大且不失真（原理图中 S2 断开时），这时可以开始电路参数的测试。

用毫伏表测量放大电路输入端的交流电压，同样用毫伏表测出空载输出电压。把测量的数值记录于表 2–3–3 中。

表 2–3–3　　电压放大倍数测量（空载）

有无反馈	（输入电压 / 输出电压）/mV			电压放大倍数		
	U_{i1}	$U_{o1}=U_{i2}$	U_o	第 1 级 Au_1	第 2 级 Au_2	整体 Au
无反馈（S1 断开）						
有反馈（S1 闭合）						

在输入信号电压不变的条件下，将 S2 闭合，再观察示波器的波形，并用毫伏表测量扬声器两端的信号输出电压。把测量的数值记录于表 2–3–4 中。

表 2-3-4　　电压放大倍数测量（空载）

有无反馈	（输入电压 / 输出电压）/mV			电压放大倍数		
	U_{i1}	$U_{o1}=U_{i2}$	U_{i1}	$U_{o1}=U_{i2}$	U_{i1}	$U_{o1}=U_{i2}$
无反馈（S1 断开）						
有反馈（S1 闭合）						

3．将输出信号的一部分（例如闭合 S1）或全部通过某种电路（称为反馈网络）引回到输入端的过程称为反馈。查阅资料，学习反馈的相关知识，并回答：反馈有哪些类型？在电路中的作用分别是什么？

三、检查与验收

1．自检和互检（表 2-3-5）

表 2-3-5　　自检和互检记录

检查项目	自检结果	互检结果

2．产品验收（表 2-3-6）

表 2-3-6　　产品验收记录

存在问题	整改措施	完成时间

四、任务测评

本任务测评参考世界技能大赛评价体系和评价标准，其评分标准分为主观和客观两类，由客观数据表述和主观描述评判两部分组成，见表 2-3-7。

表 2-3-7　　任务评分表

考核项目		评分标准	分值	得分
装接	布线	1．元器件布局合理，位置安装正确 2．导线横平、竖直，转角成直角，无交叉 3．元件间连接关系和电路原理图一致	20	
	插件	1．电阻器、二极管水平安装，贴近电路板 2．三极管垂直安装，底部离开电路板 10 mm 3．元件安装平整、对称 4．按图装配，元件的位置、极性正确	20	
	焊接	1．电阻器、电容器等元器件的焊接符合 IPC-A-610 标准 2．焊接工艺符合 IPC-A-610 标准 3．无漏焊、虚焊、假焊、搭焊等现象 4．焊接后元件引脚剪脚留头长度小于 1 mm	20	
总装		1．导线连接正确，绝缘恢复良好 2．组装工艺符合 IPC-A-610 标准 3．紧固件牢固可靠	10	
测试		1．按测试要求和步骤正确测量 2．正确使用万用表 3．正确使用示波器观察波形	20	
职业素养		1．安全用电，不人为损坏元器件、加工件和设备等 2．保持工作环境整洁、秩序井然，操作习惯良好 3．无违规行为	10	
合计			100	

学习活动 4　评价与总结

学习目标

1. 能以小组形式，对学习过程和实训成果进行汇报总结。
2. 完成对学习过程的综合评价。

建议学时：4 学时

学习过程

一、成果展示

以小组为单位，选择演示文稿、展板、海报、视频等形式中的一种或几种向全班汇报学习过程，展示学习成果。

二、综合评价

参考世界技能大赛的评价标准、理念，针对本任务的学习情况，根据表 2–4–1 所列综合评价标准进行评分。

表 2–4–1　　综合评价标准

评价项目	评价内容及标准	配分	评分		
			自我评价	小组评价	教师评价
工作组织和管理	团队合作，合理计划，高效管理时间	3			
	定期检查工作进展和成果	3			
	保证高质量标准完成工作	4			
沟通能力	深度咨询客户，完全理解其要求	5			
	提供明确说明，为客户提供书面报告	5			
计划创新能力	定期检查工作，最小化问题	5			
	提出创新性、可行性建议，提高客户满意度	5			

续表

评价项目	评价内容及标准	配分	评分		
			自我评价	小组评价	教师评价
设计安装能力	根据要求设计图样，正确选用元器件	20			
	按照相关技术标准完成电路的装接	30			
维修能力	使用、测试、校准测量设备	5			
	修复检查验收中发现的问题	15			
学生姓名		综合评价得分			
指导教师		日期			

三、工作总结

回顾本任务的学习过程，从电路原理的分析、电路板制作、测量等方面进行归纳，对学习工作工程中出现的问题进行反思与总结，优化方案和策略。

学习收获

世赛知识

中国参与世界技能大赛获奖情况

2011 年，在英国伦敦举办的第 41 届世界技能大赛上，我国实现了奖牌零的突破。2015 年，在巴西圣保罗举办的第 43 届世界技能大赛上，我国代表团更是以精湛的技艺和出色的发挥实现了金牌零的突破，获得 5 金、6 银、4 铜和 11 个优胜奖的优异成绩。2017 年，在阿联酋阿布扎比举办的第 44 届世界技能大赛上，我国在竞赛成绩上再次取得优异成绩，获得 15 金、7 银、8 铜和 12 个优胜奖。2019 年，在俄罗斯喀山举办的第 45 届世界技能大赛上，我国代表团又一次取得突破，取得了 16 金、14 银和 17 个优胜奖的历史最好成绩。

在 2017 年第 44 届世界技能大赛上，江苏省常州技师学院学生宋彪以本届大赛所有项目最高分捧回被称为“金牌中的金牌”的阿尔伯特 · 维达大奖，实现了我国选手参赛以来历史性重大突破。

在第 45 届世界技能大赛中，重庆铁路运输技师学院学生梁攀获得电子技术项目金牌。

学习任务三　低频信号发生器电路的组装与调试

学习目标

1. 能通过阅读工作任务交底单，明确工作内容及任务要求。
2. 能根据原理图正确选择元器件型号、规格和数量。
3. 能叙述集成运放的类型、封装形式、引脚功能、电路原理等基本知识。
4. 能对选择的元器件进行检测。
5. 能分析低频信号发生器的工作原理。
6. 能按照任务要求制定工作实施方案。
7. 能运用 PCB 设计软件设计并绘制低频信号发生器电路原理图和 PCB 图。
8. 能按照相关技术标准焊接低频信号发生器电路，并使用手动工具和电烙铁等调整、替换不良电路和元器件。
9. 能使用标准测试设备调试电路，并分析、评估其性能，决定是否需要调整，记录和分析测试的结果和数据。
10. 能自觉遵守作业规范，完成工作的检查验收，自觉清理场地、归置物品。
11. 能对学习过程和实训成果进行汇报总结，完成对学习过程的综合评价。

38 学时

工作情境描述

学院实习工厂接到 10 套低频信号发生器的生产订单，工厂要求学生在教师指导下在 16 h 内完成电路设计、安装与调试，按规定期限完成验收交付使用。

工作流程与活动

1．明确工作任务

2．施工前准备

3．现场施工

4．评价与总结

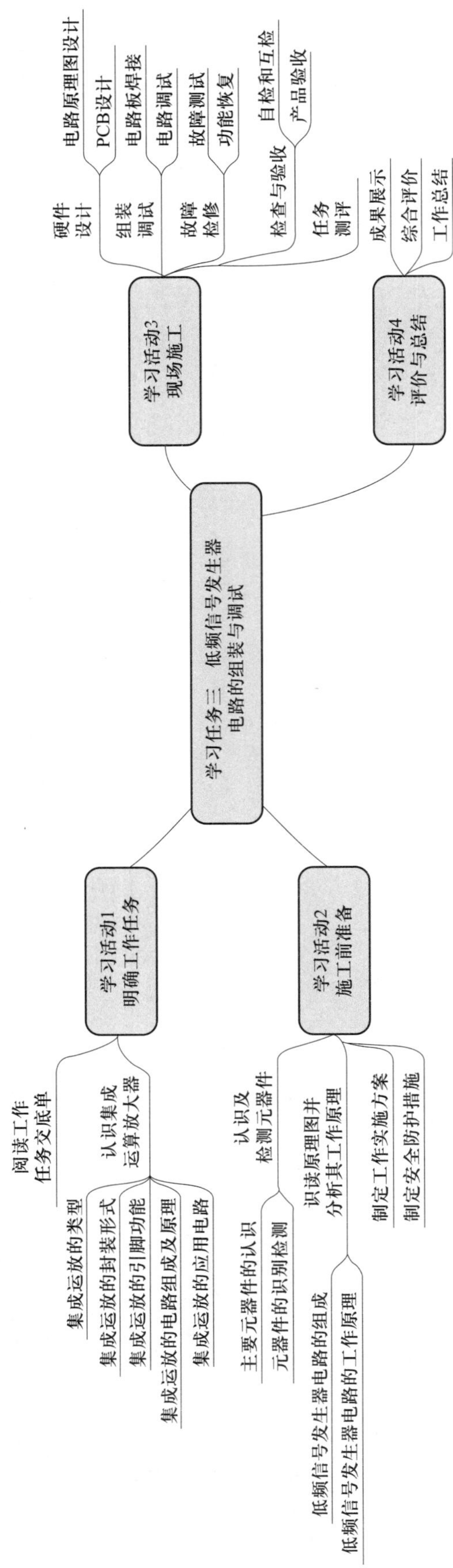
学习任务三 低频信号发生器电路的组装与调试
学习活动1 明确工作任务
阅读工作任务交底单
认识集成运算放大器
集成运放的类型
集成运放的封装形式
集成运放的引脚功能
集成运放的电路组成及原理
集成运放的应用电路
学习活动2 施工前准备
认识及检测元器件
主要元器件的认识
元器件的识别检测
识读原理图并分析其工作原理
低频信号发生器电路的组成
低频信号发生器电路的工作原理
制定工作实施方案
制定安全防护措施
学习活动3 现场施工
硬件设计
电路原理图设计
PCB设计
组装调试
电路板焊接
电路调试
故障检修
故障测试
功能恢复
检查与验收
自检和互检
产品验收
任务测评
学习活动4 评价与总结
成果展示
综合评价
工作总结

学习活动 1　明确工作任务

学习目标

1. 能通过阅读工作任务交底单，明确工作内容及任务要求。

2. 能认识、分析新增元器件的工作原理并检测其性能。

建议学时：12 学时

学习过程

一、阅读工作任务交底单

根据工作情境描述，阅读并补全工作任务交底单（表 3-1-1），熟知本次任务的工作内容及任务要求等要素信息。

表 3-1-1　工作任务交底单

任务名称	低频信号发生器电路的组装与调试				
定额时间		实际时间		完成人	
任务内容	本任务完成低频信号发生器电路原理图设计、PCB 设计、电路板安装与调试三道工序。利用集成芯片 LM324 搭建一个三角波与矩形波产生电路，其中 LM324 芯片是带有差动输入的四运算放大器，具有差分输入功能，工作电压范围为 3 ～ 32 V。该电路先应用过零比较器产生一个矩形波，然后把信号通过积分电路进行处理得到三角波 低频信号发生器电路原理框图				

续表

任务内容	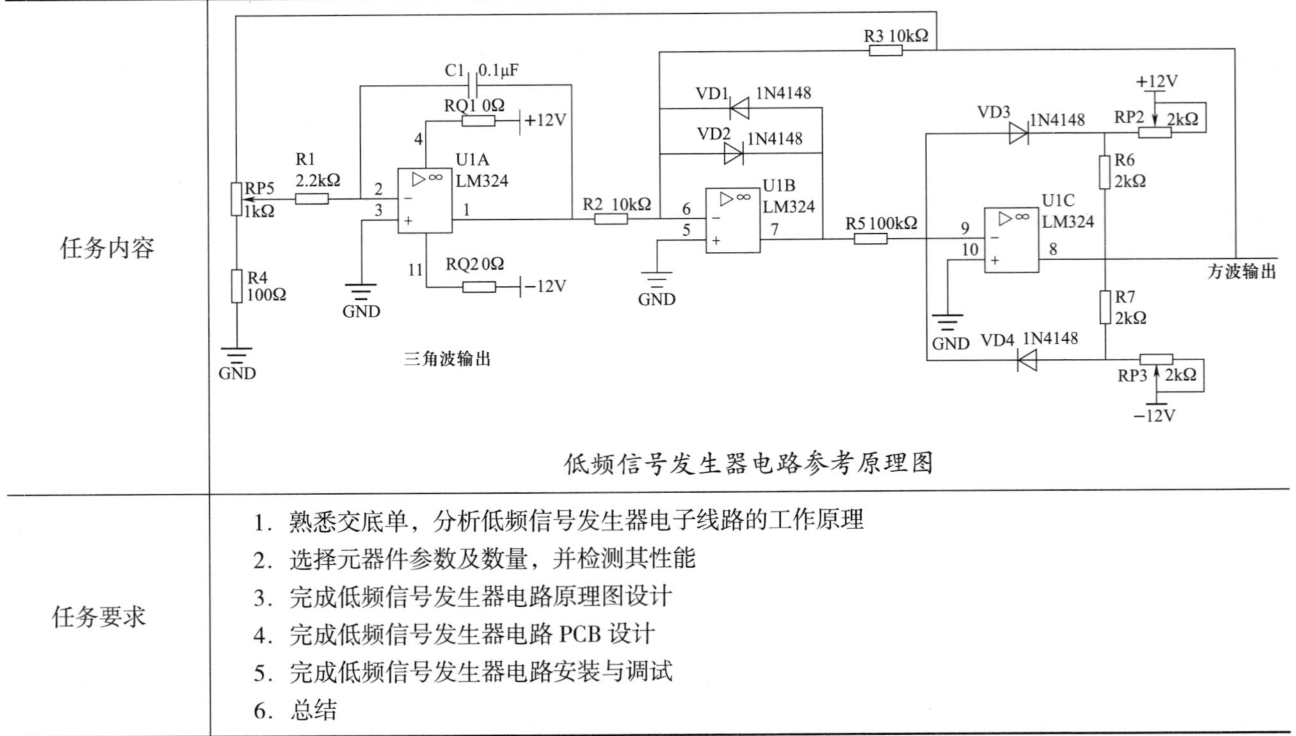 低频信号发生器电路参考原理图
任务要求	1. 熟悉交底单，分析低频信号发生器电子线路的工作原理 2. 选择元器件参数及数量，并检测其性能 3. 完成低频信号发生器电路原理图设计 4. 完成低频信号发生器电路 PCB 设计 5. 完成低频信号发生器电路安装与调试 6. 总结

二、认识集成运算放大器

参考资料

电子技术基础（第六版）

§3-2 集成运算放大器概述

§3-3 集成运算放大器的基本电路

§3-4 集成运算放大器的应用电路

在电子线路中，常常需要各种波形的信号作为测试或控制信号，信号发生器就是用来产生一定频率、一定幅度和一定变化特性交流信号的设备，在测量、通信、自动控制领域有着广泛的应用。

信号发生器电路的核心器件是集成运算放大器。采用专门的制造工艺，把直接耦合的多级放大电路封装到一起，就形成集成运算放大电路，简称集成运放。

1．集成运放的种类很多，按供电方式、集成度、工作原理等标准，可将集成运放进行分类，查阅资料，填写表 3–1–2。

表 3–1–2　集成运放的分类

分类标准	具体分类
按供电方式	
按集成度	
按工作原理	
按可控性	
按制造工艺	
按性能指标	

2．集成电路的封装方式是指安装半导体或集成电路芯片用的外壳所采用的形式。集成电路的拆装主要起着安放、固定、密封、保护芯片和增强电热性能的作用，同时为沟通内部芯片和外部电路提供一个桥梁。查阅资料，写出图 3–1–1 中 LM 系列集成运算放大器属于哪种封装方式。

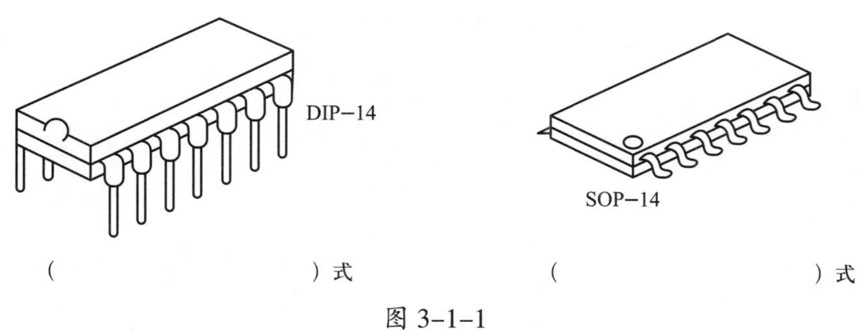

图 3–1–1

3．观察图 3–1–2 所示 LM324 集成运算放大器引脚分布图，该放大器有几个引脚？内部有几个放大器？哪几个引脚可以组成一个放大器？

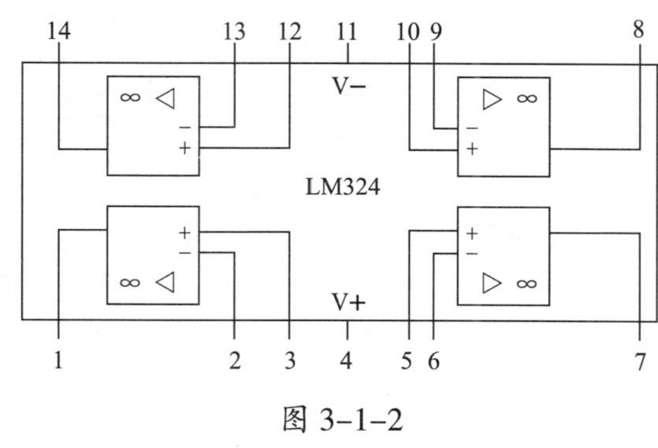

图 3–1–2

4．在安装和使用集成运放之前，必须确认集成运放的电源、接地和各输入、输出信号端口的引脚号，以保证电路或系统正常工作。

常见的集成运算放大电路，其外形有双列直插式、圆壳式和扁平式三种，其中，双列直插式集成运放的引脚向下，标志向左放置时，引脚序号自下而上逆时针方向排列；圆壳式集成运放的引脚向下摆放时，引脚序号自标志起从小到大按逆时针方向排列；扁平式集成运放的标志位于左下角摆放时，引脚序号自标志起从小到大按逆时针方向排列。

图 3–1–3 所示为双列直插式集成运放的外形图，在图中标出各引脚的序号。

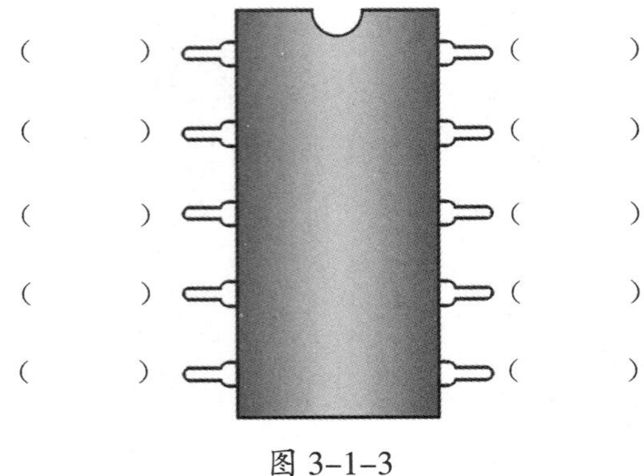

图 3-1-3

5．集成运放的电路图形符号如图 3-1-4 所示，图中的 u_+ 表示同相输入端，u_- 表示反相输入端，u_o 则表示输出端。结合图示，写出“同相”和“反相”的含义。

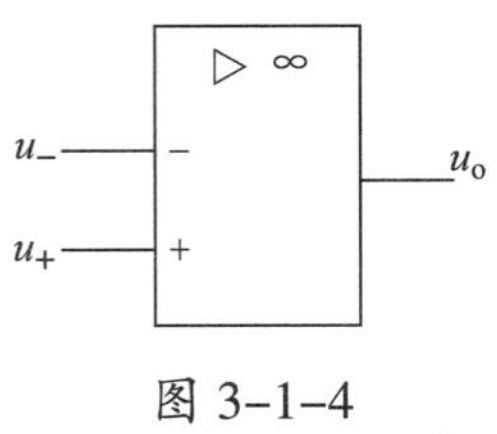

图 3-1-4

6．集成运放电路由 4 部分组成，包括输入级、中间级、输出级和偏置电路。它有两个输入端、一个输出端，图 3-1-5 中的 u_P、u_N、u_o 均以“地”为公共端。写出图中各部分的作用。

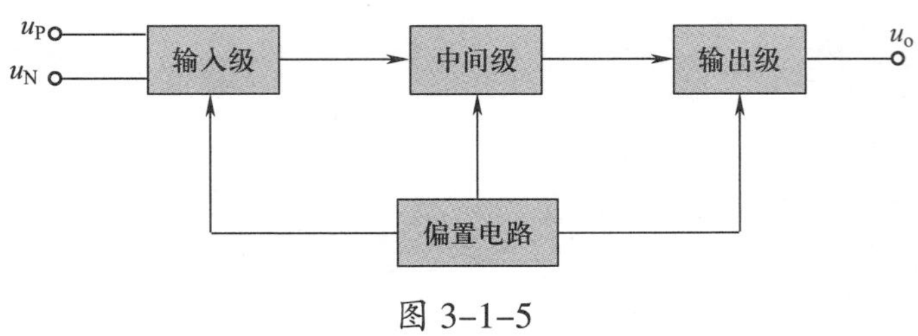

图 3-1-5

（1）输入级作用：

（2）中间级作用：

（3）输出级作用：

（4）偏置电路作用：

7．为了便于分析，通常将集成运放看成理想集成运放，就是将实际的运放性能指标理想化，以便于电路的分析和计算。理想运放将工作在线性区，此时理想运放具有“虚短”和“虚断”的特性。查阅资料，写出“虚短”和“虚断”的含义。

8．应用集成运放可以构成比例、积分、微分三种运算电路，其中比例运算电路是最简单、最基本的信号运算电路。比例运算电路有三种常见的电路形式，即反相输入、同相输入及差分输入。查阅资料，学习相关知识，并求出图 3–1–6 所示电路的输出电压与输入电压的关系式。

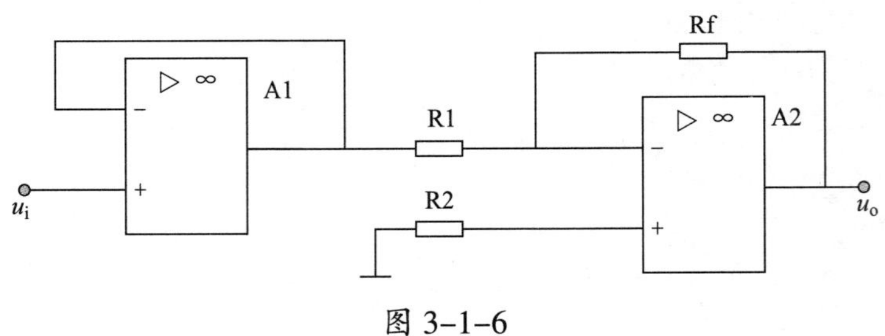

图 3–1–6

学习活动 2　施工前准备

学习目标

1. 能根据原理图正确选择元器件型号、规格和数量。

2. 能叙述集成运放的类型、封装形式、引脚功能、电路原理等基本知识。

3. 能对选择的元器件进行正确检测。

4. 能分析低频信号发生器的工作原理。

5. 能按照任务要求制定工作实施方案。

建议学时：6 学时

学习过程

一、认识及检测元器件

参考资料

电子电路基本技能训练

第一单元课题一　电子元器件的识别与测试

1．识读原理图，对照表 3–2–1，认识所用元器件。除表 3–2–1 中所列外，还用到了哪些元器件？在表 3–2–1 中补充。

表 3–2–1　认识所用元器件

元器件	名称	符号	在电路中的作用

续表

元器件	名称	符号	在电路中的作用

2．对元器件进行检测，记录在表 3–2–2 中。

表 3–2–2　元器件的检测

元器件名称	符号或规格	测量方法	测量值	性能判断

二、工作原理分析

1．查阅资料，认识低频信号发生器电路，它由哪几部分组成?

2．电路原理图分析

（1）矩形波信号输出电路分析

参考低频信号发生器原理框图，根据设计要求及给出的部分电路元器件，用 LM324 设计一个可以调节幅度的矩形波振荡电路，并分析所用元器件的作用。连接线可用网络标号表示。可选元器件：一片 LM324 芯片，一个 100 kΩ 电阻器，一个 10 kΩ 电阻器，两个 2 kΩ 电阻器，两个 2 kΩ 电位器，四个二极管 1N4148。

1）根据电路原理，利用图 3–2–1 所示元器件绘制电路原理图。

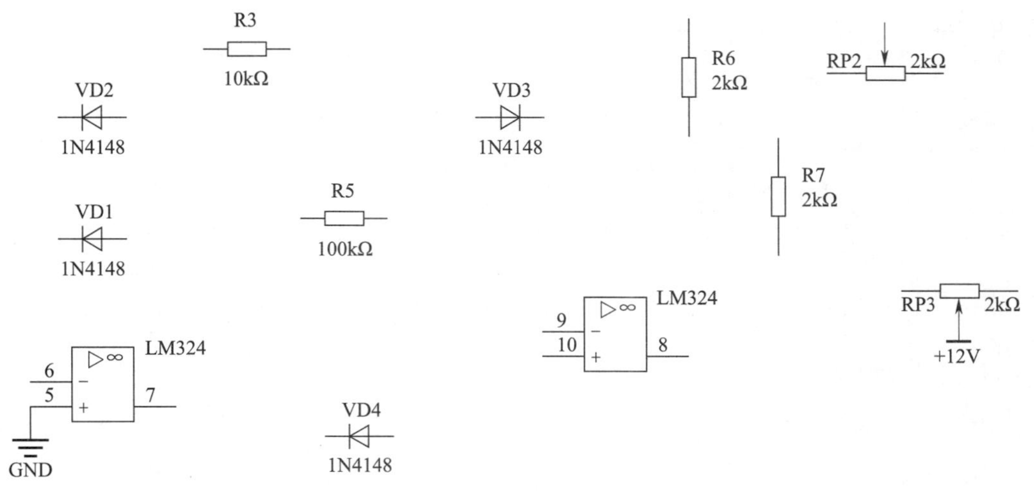

图 3–2–1

2）分析电路中各元器件作用，填写在表 3–2–3 中。

表 3–2–3　电路中各元器件的作用

序号	元器件	元器件名称	在电路中的作用
1	LM324 6 5 7		
2	LM324 9 10 8		
3	VD1 1N4148		
4	VD2 1N4148		
5	VD3 1N4148		
6	VD4 1N4148		

续表

序号	元器件	元器件名称	在电路中的作用
7	R3 10kΩ		
8	R5 100kΩ		
9	R6 2kΩ		
10	R7 2kΩ		
11	RP2 2kΩ		
12	RP3 2kΩ		

（2）三角波输出电路分析

参考低频信号发生器原理框图，根据设计要求及给出的部分电路元器件设计一个三角波输出电路，并分析所用元器件的作用。连接线可用网络标号表示。可选元器件：使用同一片 LM324，一个 10 kΩ 电阻器，一个 2.2 kΩ 电阻器，两个 0 Ω 电阻器，一个 100 Ω 电阻器，一个 1 kΩ 电位器，一个 0.1 μF 电容器。

其中，0 Ω 电阻器实际并非真的电阻为零，只是电阻很小而已，它在电路中主要用来起保护作用。在 PCB 上布线，熔断电流较大，如果发生短路过流等故障，很难熔断，而 0 Ω 电阻器电流承受能力较弱，过流时可及时熔断，从而将电路断开，防止更大事故的发生。

1）在图 3-2-3 中，根据电路原理，将元器件用线连接起来。

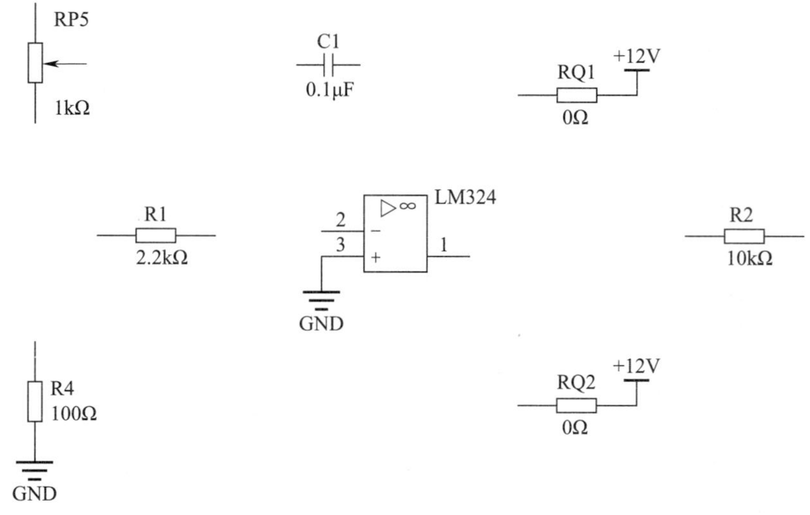

图 3-2-2

2）分析电路中各元器件作用，填写在表 3–2–4 中。

表 3–2–4　　电路中各元器件的作用

序号	元器件	元器件名称	在电路中的作用
1	LM324（2 −，3 +，1）		
2	C1 0.1μF		
3	RQ1 0Ω		
4	RQ2 0Ω		
5	R1 2.2kΩ		
6	R2 10kΩ		
7	R4 100Ω		
8	1kΩ RP5		

三、制定工作实施方案

通过工作实施方案的制定，明确任务分工，明确基本工序流程。

低频信号发生器电路的组装与调试任务工作实施方案

一、人员分工

1．小组负责人：________________

2．小组成员及分工

姓名	分工

二、工具、材料清单

<table>
<tr><th>类别</th><th colspan="5">项目内容</th><th>备注</th></tr>
<tr><td>工具</td><td colspan="5"></td><td></td></tr>
<tr><td>仪表</td><td colspan="5"></td><td></td></tr>
<tr><td rowspan="10">元器件与器材</td><th>代号</th><th>名称</th><th>型号</th><th>规格</th><th>数量</th><td rowspan="10"></td></tr>
<tr><td></td><td></td><td></td><td></td><td></td></tr>
<tr><td></td><td></td><td></td><td></td><td></td></tr>
<tr><td></td><td></td><td></td><td></td><td></td></tr>
<tr><td></td><td></td><td></td><td></td><td></td></tr>
<tr><td></td><td></td><td></td><td></td><td></td></tr>
<tr><td></td><td></td><td></td><td></td><td></td></tr>
<tr><td></td><td></td><td></td><td></td><td></td></tr>
<tr><td></td><td></td><td></td><td></td><td></td></tr>
<tr><td></td><td></td><td></td><td></td><td></td></tr>
</table>

三、工序及工期安排

序号	工作内容	完成时间	备注

四、制定安全防护措施

在世界技能大赛中，参赛选手不仅要注意提高自己的技能操作水平，而且不能出现违反竞赛规则、操作规范和安全要求的行为。同样地，在平时的学习和任务实施过程中，也要注意养成良好的职业规范和遵守规则的意识，使工作过程符合操作规范和安全要求，采取正确的安全防护措施。结合世界技能大赛的技术资料学习相关知识，针对本任务，与前面两个学习任务进行比较，安全防护措施应做哪些调整？将本任务增加的新的安全防护措施记录下来。

学习活动3 现 场 施 工

学习目标

1. 能运用 PCB 设计软件设计并绘制低频信号发生器电路原理图和 PCB 图。

2. 能按照相关技术标准焊接低频信号发生器电路，并使用手动工具和电烙铁等调整、替换不良电路和元器件。

3. 能使用标准测试设备调试电路，并分析、评估其性能，决定是否需要调整，记录和分析测试的结果和数据。

4. 能自觉遵守作业规范，完成工作的检查验收，自觉清理场地、归置物品。

建议学时：16 学时

学习过程

根据基本原理和实际需要设计电路原理图，经教师确认无误后，运用 PCB 设计软件进行原理图抄绘。创建并测试硬件设计工程，组装 PCB 并检查操作，完成工程并且提交所有的产品和文件。按照《电子组件的可接受性》（IPC-A-610）规范完成产品的焊接、机械组装及接线。

在世界技能大赛中，PCB 设计软件的正确使用及规范操作是完成电子线路安装工作的重要保障，同时也是重要的考核指标。世界技能大赛常用的 PCB 设计软件是 Altium Designer 和 Eagle。

一、硬件设计

本任务根据低频信号发生器电路原理框图分为 4 个部分，分别为基准电源、过零比较器、调幅电路、积分电路。

1．低频信号发生器电路原理图设计

根据元器件参考清单（表 3-3-1），使用 PCB 设计软件完成低频信号发生器电路原理图设计，并将完成的设计手绘到下面的方框内。

表 3-3-1　元器件参考清单

序号	名称	规格	数量
1	集成芯片	LM324 封装 DIP-14	1
2	电容器	0.1 μF，[CT4-50（1 ± 10%）] V，脚距 5 mm	1
3	金属膜电阻器	2.2 kΩ，1/4 W	1
4	金属膜电阻器	10 kΩ，1/4 W	2
5	金属膜电阻器	100 kΩ，1/4 W	1
6	金属膜电阻器	100 Ω，1/4 W	1
7	金属膜电阻器	2 kΩ，1/4 W	2
8	金属膜电阻器	0 Ω，1/4 W	2
9	电位器	2 kΩ	2
10	电位器	1 kΩ	1
11	二极管	1N4148	4
12	电源接口	KF301-3P	1
13	电路板测试针	test-1 黄色	6

原理图

2．低频信号发生器电路 PCB 设计

根据基本原理和实际需要设计电路原理图，经教师确认无误后，用 PCB 设计软件进行原理图抄绘。

（1）根据以下要求设计 PCB。

1）单面底层布线 PCB，尺寸不大于 115 mm×95 mm。

2）所有信号线不小于 279.4 μm（11 mil），电源线的线宽不小于 304.8 μm（12 mil），跳线不超过 5 处。线间安全距离不小于 279.4 μm（11 mil）。其中 mil 为英制单位，1 mil=25.4 μm，在国外的绘图软件中经常使用。

3）自行完成元器件的布局，并绘制布局图。

4）按照元器件清单中的元件设计 PCB。

5）布线层（底层）实体接地敷铜，无网络连接部分的死铜不需要删除，以提高雕刻机制板效率。

（2）根据设计文件加工低频信号发生器电路 PCB

依据绘制的 PCB 图，在雕刻机上制作电路板。电路板制作完成后要与绘制的 PCB 图进行对比，使用万用表检查其是否有断路、短路等现象，确保电路板制作无误，为安装与调试做好准备。

二、组装调试

1．电路板焊接

按照工艺要求完成电路焊接。在进行元器件焊接时，要按照《电子组件的可接受性》（IPC-A-610）标准及要求进行操作，从而保证产品质量达到行业标准，好的焊接质量也可以略高于标准。

焊接工艺要求如下：

（1）按照先低后高、先小后大的原则安排焊接顺序。

（2）根据装配工艺要求，保证元器件装配的方向正确，并安装到位。

（3）检查焊点质量，无漏焊，焊点大小应适中，表面圆润有光泽，无毛刺、挂锡、拉点、连焊、虚焊等缺陷。

2．电路调试

在焊接好的电路板上连接电源，确认极性连接无误后开启稳压电源开关。用示波器测试方波输出端，观察是否有方波输出；调节可变元器件参数，观察方波波形的变化。用示波器测试三角波输出端，观察是否有三角波输出；调节可变元器件参数，观察三角波波形的变化。

（1）用示波器观察 LM324 芯片 1 脚波形，并记录在表 3-3-2 中。

表 3-3-2　　LM324 芯片 1 脚波形

LM324 芯片 1 脚波形	示波器
	垂直设置：　　/div 水平设置：　　/div 频率：　　Hz 峰 - 峰值：　　V

（2）用示波器观察 LM324 芯片 8 脚波形，并记录在表 3-3-3 中。

表 3-3-3　　LM324 芯片 8 脚波形

LM324 芯片 8 脚波形	示波器
	垂直设置：　　/div 水平设置：　　/div 频率：　　Hz 峰 - 峰值：　　V

三、故障检修

根据电路原理和设置的故障点，运用合适的电子设备进行故障测试、功能恢复和测量。

1．故障测试

（1）根据设置的故障点，查阅资料，写出故障符号，描述故障位置，并进行故障测试，使用世界技能大赛规定的故障类型对应符号（表 3-3-4）和位置符号（表 3-3-5），根据测试结果在故障记录表（表 3-3-6）中记录故障位置、测试位置等信息。

表 3-3-4　　故障类型对应符号表

故障符号	描述
（开路符号）	开路 （元件、连线或 PCB 布线）
（短路符号）	短路 （元件、连线或 PCB 布线）
↑	元件用值过高 （电阻、电容等）
↓	元件用值过低 （电阻、电容等）
（电压过高符号）	电压过高 （插针、输入、输出）
（电压过低符号）	电压过低 （插针、输入、输出）
?	错误的元件编号或接线
+/−	极性错误

表 3–3–5　　位置符号表

位置说明	符号示例
电源	+5 V/+12 V/–5 V/+5 V/GND
IC 的引脚	IC_2_8
R/C/L 等元件引脚	R7_1（左 / 上：1　右 / 下：2）
测试针	TP1
两个元件之间	R1–R2

表 3–3–6　　故障记录表

故障点	故障元件符号、位置符号
测试点	维修前测试结果

（2）绘制故障点测量草图，对每个测量点用表 3–3–7 中的符号进行草图绘制。

表 3–3–7　　测量草图设备符号

设备	符号
电源	+ ○ –
电压表	Ⓥ
电流表	Ⓐ
示波器	(~)
信号发生器	(FG)
接地	⏚

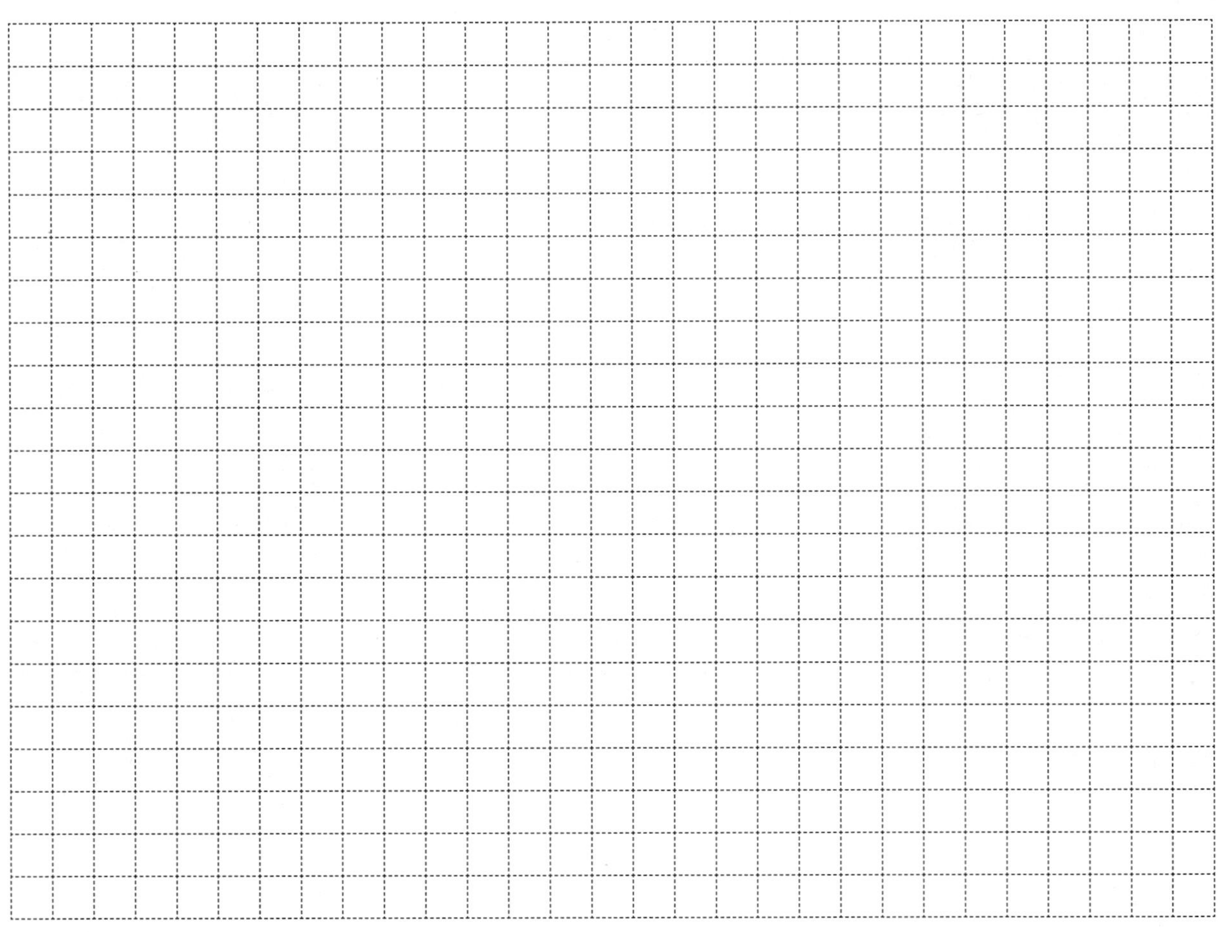

2．功能恢复

故障点修复后，将重新测量的结果填写在表 3–3–8 中。

表 3–3–8　重新测量结果

故障点	故障符号
测试点	**维修后测试结果**

四、检查与验收

1．自检和互检（表 3–3–9）

表 3–3–9　自检和互检记录

检查项目	自检结果	互检结果

2. 产品验收（表 3–3–10）

表 3–3–10　产品验收记录

存在问题	整改措施	完成时间

五、任务测评

本任务参考世界技能大赛评价体系和评价标准，其评分标准分为主观和客观两类，由客观数据表述和主观描述评判两部分组成，见表 3–3–11。

表 3-3-11 任务评分表

考核项目	评分标准	分值	得分
硬件设计	1. 原理图设计正确 2. 所用芯片的管脚及外围电阻器、电容器连接正确 （1）LM324 芯片的 1、2、3 脚外围电阻器、电容器连接正确 （2）LM324 芯片的 5、6、7 脚外围电阻器、电容器连接正确 （3）LM324 芯片的 8、9、10 脚外围电阻器、电容器连接正确 3. PCB 尺寸：单面底层布线 PCB，尺寸不大于 115 mm×95 mm，在 PCB 图上标上尺寸正确 4. PCB 布线：所有信号线宽不小于 279.4 μm（11 mil），电源线的线宽不小于 304.8 μm（12 mil），跳线不超过 5 处。线间安全距离不小于 279.4 μm（11 mil）。布线层（底层）实体接地覆铜 5. 元器件布局：所用芯片相对参考位置正确，布线正确合理	25	
组装调试	1. 电阻器、电容器、IC 等元器件的焊接符合 IPC-A-610 标准 2. 电路板焊接工艺符合 IPC-A-610 标准 3. 电路板元器件组装工艺符合 IPC-A-610 标准	25	
电路功能	1. 调节电路参数，测试波形变化 2. LM324 芯片 1 脚波形正确 3. LM324 芯片 8 脚波形正确	15	
故障检修	1. 故障现象测试正确 2. 测量草图绘制正确 3. 提供有效记录，记录正确 4. 功能恢复	25	
职业素养	1. 安全用电，不人为损坏元器件、加工件和设备等 2. 保持工作环境整洁、秩序井然，操作习惯良好 3. 无违规行为	10	
合计		100	

学习活动 4　评价与总结

学习目标

1. 能以小组形式，对学习过程和实训成果进行汇报总结。

2. 完成对学习过程的综合评价。

建议学时：4 学时

学习过程

一、成果展示

以小组为单位，选择演示文稿、展板、海报、视频等形式中的一种或几种向全班汇报学习过程，展示学习成果。

二、综合评价

参考世界技能大赛的评价标准、理念，针对本任务的学习情况，根据表 3–4–1 所列综合评价标准进行评分。

表 3–4–1　综合评价标准

评价项目	评价内容及标准	配分	评分		
			自我评价	小组评价	教师评价
工作组织和管理	团队合作，合理计划，高效管理时间	3			
	定期检查工作进展和成果	3			
	保证高质量标准完成工作	4			
沟通能力	深度咨询客户，完全理解其要求	5			
	提供明确说明，为客户提供书面报告	5			
计划创新能力	定期检查工作，最小化问题	5			
	提出创新性、可行性建议，提高客户满意度	5			

续表

评价项目	评价内容及标准	配分	评分		
			自我评价	小组评价	教师评价
设计安装能力	根据要求设计图样，正确选用元器件	20			
	按照相关技术标准完成电路的装接	30			
维修能力	使用、测试、校准测量设备	5			
	修复检查验收中发现的问题	15			
学生姓名		综合评价得分			
指导教师		日期			

三、工作总结

回顾本任务的学习过程，从电路硬件设计、组装调试、故障检修等方面进行归纳，对学习工作工程中出现的问题进行反思总结，优化方案和策略。

学习收获

世赛知识

绿色制造的理念和“7S”管理

绿色制造是指在保证产品的功能、质量、成本的前提下，综合考虑环境影响和资源效率的现代制造模式。它使产品从设计、制造、使用到报废的整个产品生命周期中不产生环境污染或使环境污染最小化，符合环境保护要求，对生态环境无害或危害极少，节约资源和能源，使资源利用率最高，能源消耗最低。

世界技能大赛在比赛过程中，提倡绿色制造的理念，要求选手在工作过程中不能破坏赛场周边环境，所有可循环利用的材料都应分类处理和收集。

在日常学习和工作中，也要贯彻这一理念，严格落实“7S”管理，培养良好的职业素养。

“7S”管理的主要内容包括:

整理——增加作业面积，使物流畅通，防止物品误用等。

整顿——工作场所整洁明了，一目了然，减少取放物品的时间，提高工作效率，保持井井有条的工作秩序区。

清扫——将工作场所内看得见与看不见的地方清扫干净，保持工作场所的环境干净、亮丽，从而保证产品品质的稳定，同时还能使员工保持良好的工作情绪。

清洁——使整理、整顿和清扫工作成为一种惯例和制度，是标准化的基础，也是一个企业形成企业文化的开始。

素养——使员工成为一个遵守规章制度，并具有良好工作素养的人。

安全——保障员工的人身安全，保证生产连续、安全、正常进行，同时减少因安全事故而带来的经济损失。

节约——对时间、空间、能源等方面合理利用，以发挥它们的最大效能，从而创造一个高效率的、物尽其用的工作场所。

学习任务四　可调集成稳压电路的组装与调试

学习目标

1. 能通过阅读工作任务交底单，明确工作内容及任务要求等。
2. 能根据原理图选择元器件型号、规格和数量。
3. 能叙述集成稳压器的类型、引脚功能等基本知识。
4. 能对选择的元器件进行检测。
5. 能分析可调集成稳压电路的工作原理。
6. 能按照任务要求制定工作实施方案。
7. 能运用 PCB 设计软件设计并绘制可调集成稳压电路原理图和 PCB 图。
8. 能按照相关技术标准焊接可调集成稳压电路，并使用手动工具和电烙铁等调整、替换不良电路和元器件。
9. 能使用标准测试设备调试电路，并分析、评估其性能，决定是否需要调整，记录和分析测试的结果和数据。
10. 能自觉遵守作业规范，完成工作的检查和验收，自觉清理场地、归置物品。
11. 能对学习过程和实训成果进行汇报总结，完成对学习过程的综合评价。

建议学时

38 学时

工作情境描述

根据某电子设备生产的需要，公司主管安排电子产品安装人员在 16 h 内设计、安装 40 个可调稳压电源。要求该电路由三端集成可调稳压器 LM317 进行输出电压的调整，同时电路设有过压保护电路和过流、短路保护电路，可设置过压保护值和过流保护值以控制输出电压和电流。

工作流程与活动

1．明确工作任务

2．施工前准备

3．现场施工

4．评价与总结

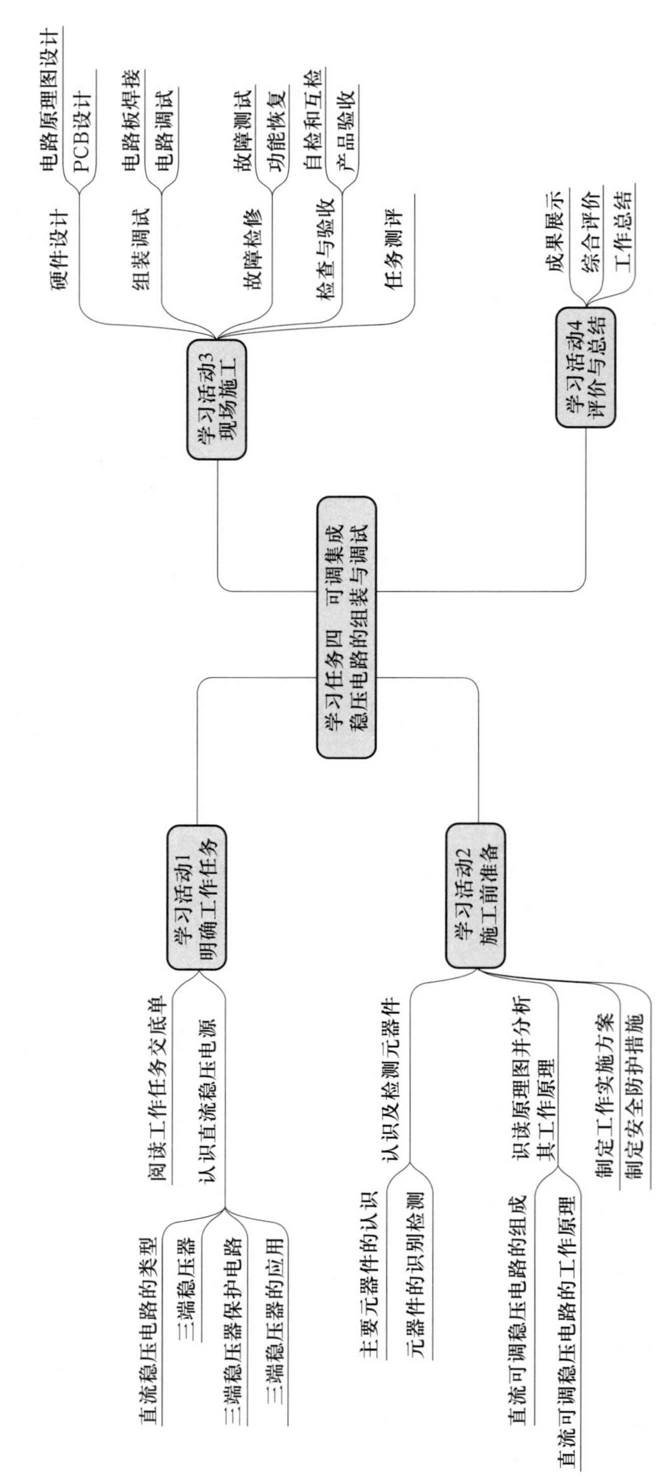
学习任务四　可调集成稳压电路的组装与调试
学习活动1 明确工作任务
阅读工作任务交底单
认识直流稳压电源
直流稳压电路的类型
三端稳压器
三端稳压器保护电路
三端稳压器的应用
学习活动2 施工前准备
认识及检测元器件
主要元器件的认识
元器件的识别检测
识读原理图并分析其工作原理
直流可调稳压电路的组成
直流可调稳压电路的工作原理
制定工作实施方案
制定安全防护措施
学习活动3 现场施工
硬件设计
电路原理图设计
PCB设计
组装调试
电路板焊接
电路调试
故障检修
故障测试
功能恢复
检查与验收
自检和互检
产品验收
任务测评
学习活动4 评价与总结
成果展示
综合评价
工作总结

学习活动 1　明确工作任务

学习目标

1. 能通过阅读工作任务交底单，明确工作内容及任务要求等。

2. 能叙述集成稳压器的类型、引脚功能等基本知识。

建议学时：12 学时

学习过程

一、阅读工作任务交底单

根据工作情境描述，阅读并补全工作任务交底单（表 4–1–1），熟知本次任务的工作内容及任务要求等要素信息。

表 4–1–1　　工作任务交底单

<table>
<tr><td>任务名称</td><td colspan="5">可调集成稳压电路的组装与调试</td></tr>
<tr><td>定额时间</td><td></td><td>实际时间</td><td></td><td>完成人</td><td></td></tr>
<tr><td>任务内容</td><td colspan="5">本任务完成可调集成稳压电路原理图设计、PCB 设计、电路板安装与调试三道工序，利用三端可调稳压器 LM317 进行输出电压的调整，同时电路设有过压保护电路和过流、短路保护电路，可设置过压保护值和过流保护值以控制输出电压和电流。该电路设计的输出电压范围为：1.25 ~ 26.25 V
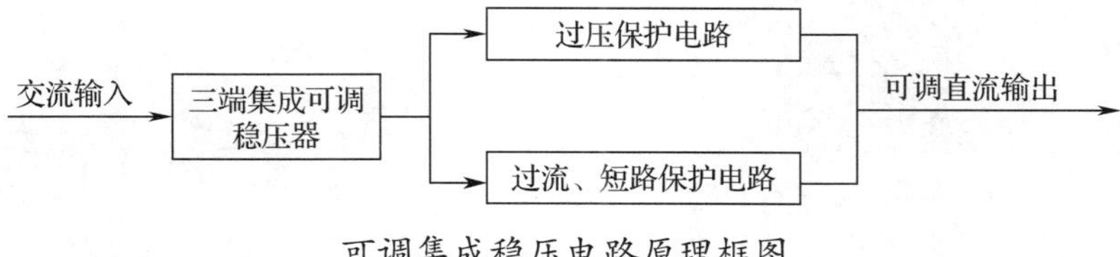

可调集成稳压电路原理框图</td></tr>
</table>

续表

<table>
<tr><td>任务内容</td><td> 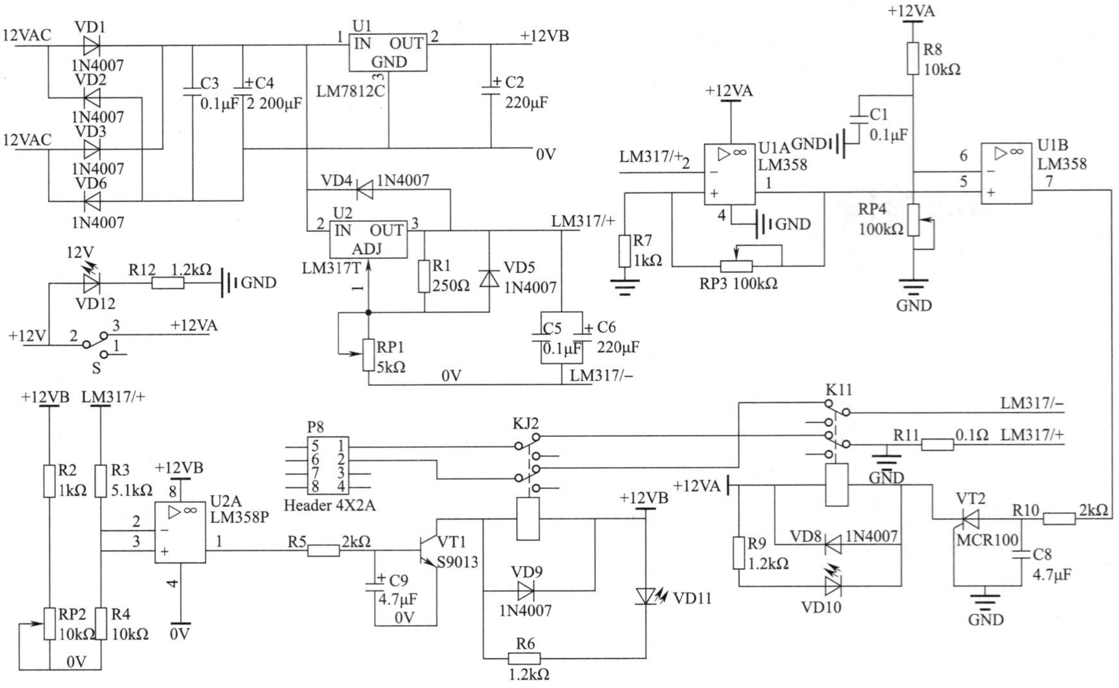直流可调稳压电源电路参考原理图</td></tr>
<tr><td>任务要求</td><td>1. 熟悉交底单，分析直流可调稳压电源电路工作原理
2. 选择元器件参数及数量，并检测其性能
3. 直流可调稳压电源电路原理图设计
4. 直流可调稳压电源电路 PCB 设计
5. 根据《电子组件的可接受性》（IPC-A-610）等相关标准进行直流可调稳压电源电路安装与调试
6. 总结</td></tr>
</table>

二、认识直流稳压电源

几乎所有电子线路都需要稳定的直流电源供电，除用电池等直流供电装置外，一般都是由交流电网供电，经整流、滤波、稳压后获得，即需要直流稳压电源（图 4-1-1）将交流电变换成直流电。查阅资料，学习直流稳压电源的相关知识，回答下面的问题。

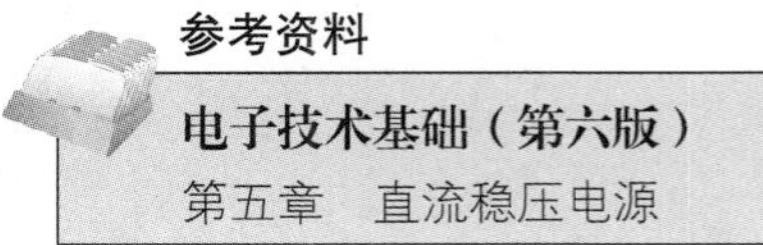

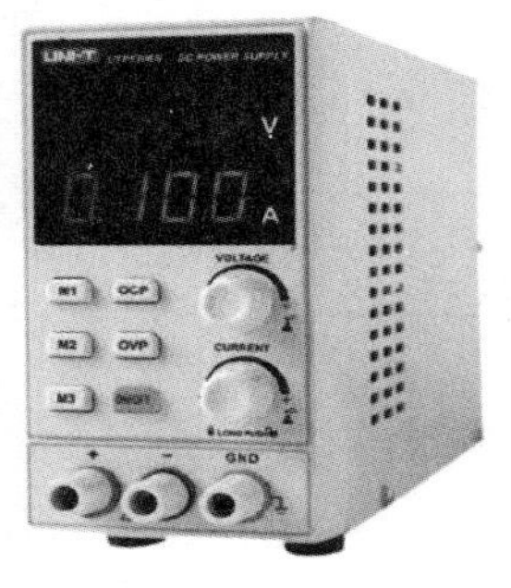

图 4-1-1

1．按照不同的分类原则，直流稳压电路可分为哪些类型？

2．三端固定输出集成稳压器通用产品有 CW7800（正电源）系列和 CW7900（负电源）系列。

（1）查阅资料，写出型号中字母、数字的含义，并写出 CW7805 的输出电压和额定输出电流分别是多少。

（2）CW7800 和 CW7900 系列三端固定输出集成稳压器有塑料封装和金属封装两种，查阅资料，判断图 4-1-2 所示三端固定输出集成稳压器 1、2、3 引脚的功能。

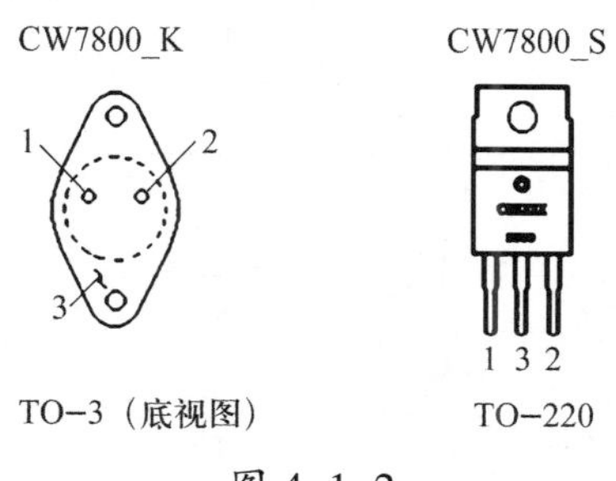

图 4-1-2

3．图 4–1–3 所示的 LM317 是应用最为广泛的电源集成电路之一，它不仅具有固定式三端稳压电路的最简单形式，而且具备输出电压可调的特点。此外，还具有调压范围宽、稳压性能好、噪声低、纹波抑制比高等优点。LM317 的三个管脚分别为电压调节脚、电压输出脚、电压输入脚，对照图 4–1–3，查阅资料，第 1 引脚为（　　　　），第 2 引脚为（　　　　），第 3 引脚为（　　　　）；其额定输出电压（　　　　），额定输出电流（　　　　）。

图 4–1–3

4．直流稳压电源在实际应用中，存在着过载或短路造成器件烧毁的风险，所以一般实用的电流稳压电路中都加有各种不同的保护电路。图 4–1–4 所示为 LM317 的基本保护电路，VD2 为输入短路保护二极管，C_{E1} 为调节端滤波电容，具有稳定输出的作用，并具有软启动电路的作用。C1 为输入滤波电容，C2 为输出滤波电容。实际使用中，输入和输出最好由大小电容并联。分析电路工作原理，说明 VD1 在该电路中的作用。

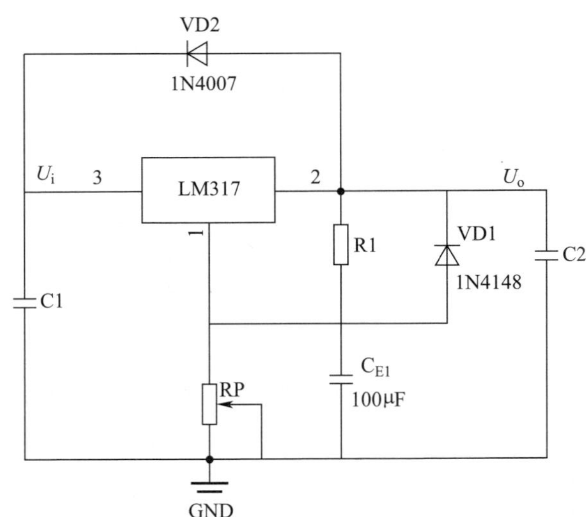

图 4–1–4

5．利用三端可调稳压器 LM317，可以组成如图 4-1-5 所示的充电电路，其输出电流 $I_{OUT}=(V_{REF}/R_1)+I_{ADJ}$，通过阅读图 4-1-6 所示 LM317 电气参数英文资料，计算其输出电流。

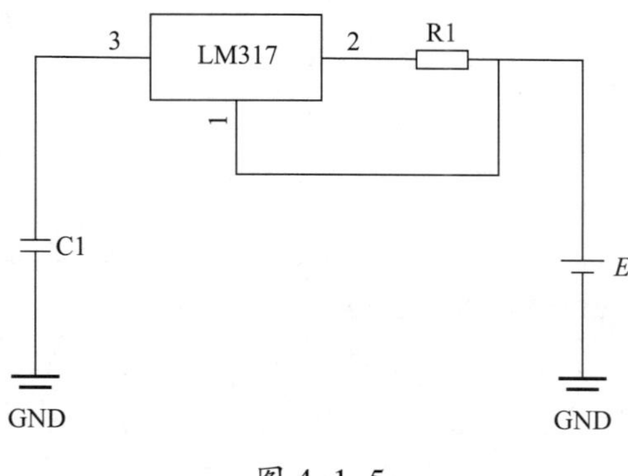

图 4-1-5

LM317

LINEAR INTEGRATED CIRCUIT

■ ABSOLUTE MAXIMUM RATINGS (T_A=25°C, unless otherwise specified)

PARAMETER	SYMBOL	RATINGS	UNIT
Input - Output Voltage Difference	V_{IN}-V_{OUT}	40	V
Power Dissipation	P_D	Internal limited	
Junction Temperature	T_J	+125	°C
Operating Temperature	T_{OPR}	-40 ~ +85	°C
Storage Temperature	T_{STG}	-40 ~ +150	°C

Note:1. Absolute maximum ratings are stress ratings only and functional device operation is not implied. The device could be damaged beyond Absolute maximum ratings.

■ THERMAL DATA

PARAMETER		SYMBOL	RATINGS	UNIT
Junction-to-Ambient	TO-252	θ_{JA}	112	°C/W
	TO-220/TO-220F TO-263/TO-263-3		65	
	SOT-223		165	
	TO-3		35	
Junction-to-Case	TO-252	θ_{JC}	12	°C/W
	TO-220/TO-263 TO-263-3		5	
	TO-220F		7.8	
	SOT-223		23	
	TO-3		3	

■ ELECTRICAL CHARACTERISTICS

(V_{IN}-V_{OUT}=5V, I_{OUT}=10mA, T_A=25°C, unless otherwise specified.)

PARAMETER	SYMBOL	TEST CONDITIONS		MIN	TYP	MAX	UNIT
Line Regulation	$\Delta V_{OUT}/V_{OUT}$	3V≦V_{IN}-V_{OUT}≦40V			0.01	0.04	%/V
Load Regulation	ΔV_{OUT}	10mA≦I_{OUT}≦1A	V_{OUT}≦5V		5	25	mV
			V_{OUT}≧5V		0.1	0.5	%
Adjustable Pin Current	I_{ADJ}				50	100	μA
Adjustable Pin Current Change	ΔI_{ADJ}	3V≦V_{IN}-V_{OUT}≦40V, 10mA≦I_{OUT}≦1A, P_D≦20W			0.2	5	μA
Reference Voltage	V_{REF}	3V≦V_{IN}-V_{OUT}≦40V, 10mA≦I_{OUT} 1A, P_D≦20W		1.20	1.25	1.30	V
Temperature Stability		T_{MIN}≦T_J≦T_{MAX}			0.7		%/V_{OUT}
Minimum Load Current for Regulation	$I_{L(MIN)}$	V_{IN}-V_{OUT}=40V			3.5	10	mA
Maximum Output Current	$I_{O(MAX)}$	V_{IN}-V_{OUT}=40V, P_D≦20W		0.2	0.3		A
RMS Noise vs. %of V_{OUT}	eN	10Hz≦f≦10KHz			0.003		%/V_{OUT}
Ripple Rejection	RR	V_{OUT}=10V,f=120Hz	C_{ADJ}=0		65		dB
			C_{ADJ}=10μF	66	80		

Note: C_{ADJ} is connected between Adjust pin and Ground.

图 4–1–6

学习活动 2　施工前准备

学习目标

1. 能正确选择元器件型号、规格和数量。
2. 能对选择的元器件进行正确检测。
3. 能分析可调稳压电路的工作原理。
4. 能按照任务要求制定工作实施方案。

建议学时：6 学时

学习过程

一、认识及检测元器件

1．识读原理图，对照表 4–2–1，认识所用元器件。除表 4–2–1 中所列外，还用到了哪些元器件？在表 4–2–1 中补充。

参考资料

电子电路基本技能训练

第一单元课题一　电子元器件的识别与测试

表 4–2–1　认识所用元器件

元器件	名称	符号或规格	在电路中的作用

2．本任务中过压、过流、短路保护电路中采用的 LM358 是一个双运算放大器件，高增益运放，工作温度范围为 0 ～ 70℃。其引脚如图 4–2–1 所示，查阅资料，写出各管脚的功能。

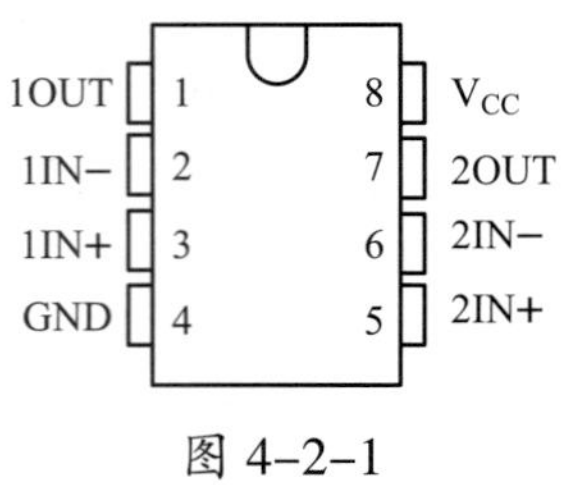

图 4–2–1

3．对元器件进行检测，记录在表 4–2–2 中。

表 4–2–2　元器件的检测

元器件名称	符号或规格	测量方法	测量值	性能判别

二、工作原理分析

1．查阅资料，认识可调集成稳压电路，它由哪几部分组成？

2．电路原理图分析

（1）可调集成稳压电路分析

参考可调集成稳压电路原理框图，根据电路要求及给出的部分电路元器件设计可调集成稳压电路，仅能使用以下元器件。可选元件：一片 LM317，两个二极管 1N4007，一个 250 Ω 电阻器，一个 5 kΩ 电位器，一个 220 μF 电解电容器，一个 0.1 μF 独石电容器。交流 12 V 电压经过全波桥式整流和电容滤波后作为本电路的输入电压。

1）根据电路原理，利用图 4-2-2 所示元器件绘制电路原理图。

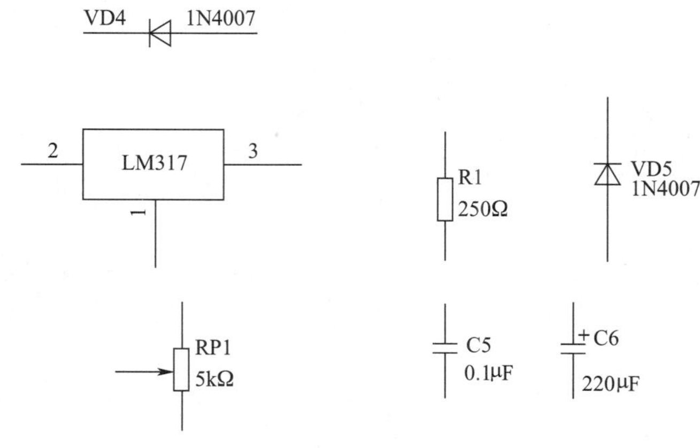

图 4-2-2

2）分析电路中各元器件的作用，填写在表 4-2-3 中。

表 4-2-3　　电路中各元器件的作用

序号	元器件	元器件名称	在电路中的作用
1	2 LM317 3 1		
2	VD4 1N4007		
3	VD5 1N4007		
4	R1 250Ω		
5	RP1 5kΩ		
6	C5 0.1μF		
7	C6 220μF		

（2）过压保护电路分析

参考可调集成稳压电路原理框图，根据电路要求及给出的部分电路元器件设计过压保护电路，仅能使用以下元器件。可选元器件：一片 LM358 芯片，一个 1 kΩ 电阻器，一个 5.1 kΩ 电阻器，一个 10 kΩ 电阻器，一个 2 kΩ 电阻器，一个 1.2 kΩ 电阻器，一个 10 kΩ 电位器，一个三极管 S9013，一个 12 V 直流继电器，一个二极管 1N4007，一个发光二极管，一个 4.7 μF 电解电容器。电源电压 +12 V。

1）根据电路原理，利用图 4-2-3 所示元器件绘制电路原理图。

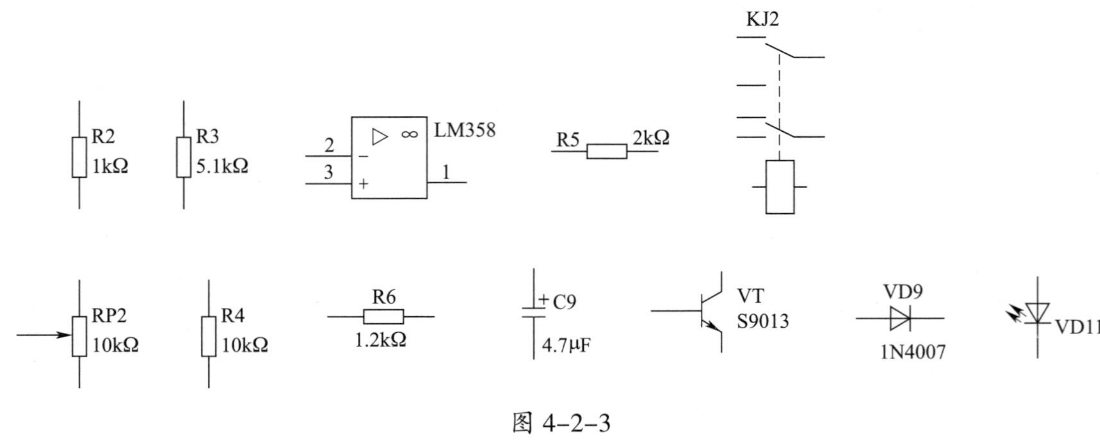

图 4-2-3

2）分析电路中各元器件作用，填写在表 4-2-4 中。

表 4-2-4　　电路中各元器件的作用

序号	元器件	元器件名称	在电路中的作用
1	LM358 2 3 1		
2	KJ2		
3	VT S9013		
4	VD11		
5	VD9 1N4007		
6	C9 4.7μF		
7	R2 1kΩ		
8	R3 5.1kΩ		

续表

序号	元器件	元器件名称	在电路中的作用
9	R4 10kΩ		
10	R5 2kΩ		
11	RP2 10kΩ		
12	R6 1.2kΩ		

（3）过流保护电路分析

参考可调集成稳压电路原理框图，根据电路要求及给出的部分电路元器件设计过流和短路保护电路。可使用如下元器件：一片 LM358，一个 1 kΩ 电阻器，一个 2 kΩ 电阻器，一个 10 kΩ 电阻器，一个 0.1 kΩ 电阻器，一个 1.2 kΩ 电阻器，两个 100 kΩ 电位器，一个晶闸管 MCR100，一个 12 V 直流继电器，一个二极管 1N4007，一个发光二极管，一个 4.7 μF 电容器，一个 0.1 μF 电容器。电源电压为 +12 V。

1）根据电路原理，利用图 4-2-4 所示元器件绘制电路原理图。

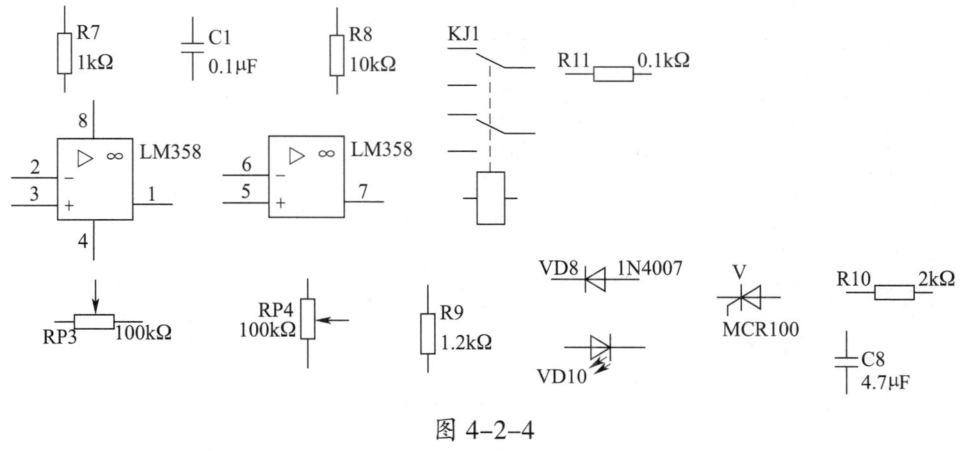

图 4-2-4

2）分析电路中各元器件作用，填写在表 4-2-5 中。

表 4-2-5 电路中各元器件的作用

序号	元器件	元器件名称	在电路中的作用
1	LM358（8、2、3、1、4）		
2	LM358（6、5、7）		

续表

序号	元器件	元器件名称	在电路中的作用
3	KJ1		
4	V MCR100		
5	VD8 1N4007		
6	VD10		
7	R7 1kΩ		
8	R8 10kΩ		
9	R9 1.2kΩ		
10	R10 2kΩ		
11	R11 0.1kΩ		
12	RP3 100kΩ		
13	RP4 100kΩ		
14	C1 104		
15	C8 4.7μF		

三、制定工作实施方案

通过工作实施方案的制定，明确任务分工，明确基本工序流程。

可调集成稳压电路的组装与调试任务工作实施方案

一、人员分工

1．小组负责人：__________________

2．小组成员及分工

姓名	分工

二、工具、材料清单

<table>
<tr><th>类别</th><th colspan="5">项目内容</th><th>备注</th></tr>
<tr><td>工具</td><td colspan="5"></td><td></td></tr>
<tr><td>仪表</td><td colspan="5"></td><td></td></tr>
<tr><td rowspan="10">元器件与器材</td><td>代号</td><td>名称</td><td>型号</td><td>规格</td><td>数量</td><td rowspan="10"></td></tr>
<tr><td></td><td></td><td></td><td></td><td></td></tr>
<tr><td></td><td></td><td></td><td></td><td></td></tr>
<tr><td></td><td></td><td></td><td></td><td></td></tr>
<tr><td></td><td></td><td></td><td></td><td></td></tr>
<tr><td></td><td></td><td></td><td></td><td></td></tr>
<tr><td></td><td></td><td></td><td></td><td></td></tr>
<tr><td></td><td></td><td></td><td></td><td></td></tr>
<tr><td></td><td></td><td></td><td></td><td></td></tr>
<tr><td></td><td></td><td></td><td></td><td></td></tr>
</table>

三、工序及工期安排

序号	工作内容	完成时间	备注

四、制定安全防护措施

在世界技能大赛中，参赛选手不仅要注意提高自己的技能操作水平，而且不能出现违反竞赛规则、操作规范和安全要求的行为。同样地，在平时的学习和任务实施过程中，也要注意养成良好的职业规范和遵守规则的意识，使工作过程符合操作规范和安全要求，采取正确的安全防护措施。结合世界技能大赛的技术资料学习相关知识，针对本任务，与前面三个学习任务进行比较，安全防护措施应做哪些调整？将本任务增加的新的安全防护措施记录下来。

学习活动3　现 场 施 工

学习目标

1. 能运用 PCB 设计软件设计并绘制可调稳压电路原理图和 PCB 图。

2. 能按照相关技术标准焊接可调集成稳压电路，并使用手动工具和电烙铁等调整、替换不良电路和元器件。

3. 能使用标准测试设备调试电路，并分析、评估其性能，决定是否需要调整，记录和分析测试的结果和数据。

4. 能自觉遵守作业规范，完成工作的检查和验收，自觉清理场地、归置物品。

建议学时：16 学时

学习过程

根据基本原理和实际需要设计电路原理图，经教师确认无误后，运用 PCB 设计软件进行原理图抄绘。创建并测试硬件设计工程，组装 PCB 并检查操作，完成工程并且提交所有的产品和文件。按照《电子组件的可接受性》(IPC-A-610) 规范完成产品的焊接、机械组装及接线。

一、硬件设计

本任务根据可调集成稳压电路原理框图分为 3 个部分，分别为三端可调稳压电路、过压保护电路以及过流、短路保护电路。

1．可调集成稳压电路原理图设计

根据元器件参考清单（表 4-3-1），使用 PCB 设计软件完成可调集成稳压电路原理图设计，并将完成的设计手绘到下面的方框内。

表 4-3-1　　元器件参考清单

序号	名称	规格	数量
1	金属膜电阻器	1/4 W，250 Ω，允许偏差 ±1%，铜引线	1
2	金属膜电阻器	1/4 W，1 kΩ，允许偏差 ±1%，铜引线	2
3	金属膜电阻器	1/4 W，1.2 kΩ，允许偏差 ±1%，铜引线	3
4	金属膜电阻器	1/4 W，2 kΩ，允许偏差 ±1%，铜引线	2
5	金属膜电阻器	1/4 W，5.1 kΩ，允许偏差 ±1%，铜引线	1
6	金属膜电阻器	1/4 W，10 kΩ，允许偏差 ±1%，铜引线	2
7	金属膜电阻器	1/4 W，0.1 kΩ，允许偏差 ±1%，铜引线	1
8	精密可调电阻器	3296（103）10 kΩ	1
9	精密可调电阻器	3296（104）100 kΩ	2
10	精密可调电阻器	3296（502）5 kΩ	1
11	电解电容器	CD11–4.7 μF/25（1±10%）V，铜引线	2
12	电解电容器	CD11–220 μF/25（1±20%）V，铜引线	2
13	电解电容器	CD11–2200 μF/25（1±10%）V，铜引线	1
14	独石电容器	0.1 μF［CT4–50（1±10%）］V，脚距 5 mm	3
15	集成运放	LM358 DIP8	2
16	三端稳压器	LM7812C TO–220	1
17	方孔 IC 插座	7.62 mm × 2.54 mm，DIP–8P	2
18	三端可调稳压器	LM317	1
19	三极管	S9013	1
20	晶闸管	MCR100	1
21	二极管	1N4007 2CP15	8
22	发光二极管	ϕ3 mm，红	3
23	台阶插座	K1A30	12
24	继电器	HK19F–DC12V–SHG 8T	2
25	简易牛角座	DC3–8P/ 直针	1
26	螺钉	GB/T818 M3 mm × 8 mm，不锈钢	1
27	六角螺母	GB/T6170 M4 mm，不锈钢	4
28	散热片	25 mm × 24 mm × 16 mm，针距 18 mm	1

2．可调集成稳压电路 PCB 设计

根据基本原理和实际需要设计电路原理图，经教师确认无误后，用 PCB 设计软件进行原理图抄绘。

（1）根据以下要求设计 PCB。

1）单面底层布线 PCB，尺寸不大于 115 mm×95 mm。

2）所有信号线不小于 279.4 μm（11 mil），电源线的线宽不小于 304.8 μm（12 mil），跳线不超过 5 处。线间安全距离不小于 279.4 μm（11 mil）。

3）自行完成元器件的布局，并绘制布局图。

4）按照元器件清单中的元件设计 PCB。

5）布线层（底层）实体接地敷铜，无网络连接部分的死铜不需要删除，以提高雕刻机制板效率。

（2）根据设计文件加工可调集成稳压电路 PCB

依据绘制的 PCB 图，在雕刻机上制作电路板。电路板制作完成后要与绘制的 PCB 图进行对比，使用万用表检查其是否有断路、短路等现象，确保电路板制作无误，为安装与调试做好准备。

二、组装调试

1．电路板焊接

按照工艺要求完成电路焊接。在进行元器件焊接时，要按照《电子组件的可接受性》（IPC-A-610）标准及要求进行操作，从而保证产品质量达到行业标准，好的焊接质量也可以略高于标准。

2．电路调试

（1）LM317 输出电压测试

使用直流稳压源、信号发生器、双踪示波器、频率计、万用表等仪器、设备进行功能和参数的测量，将结果记录在相应的表格内。

接通电源，调节元器件参数，用直流电压表测量 LM317 的“+”“-”间电压，测量 5 组数据并记录在表 4-3-2 中，必须记录最大值和最小值。

表 4-3-2　LM317 输出电压记录表

序号	1（最小值）	2	3	4	5（最大值）
测量值					

（2）过压保护电路的测试

接通电源，调节元器件参数设定不同测试电压值，对照步骤 1 调整，使 LM317 输出电压分别为表 4-3-3 中所列数值，测量输出电压值和过流指示状态并记录。

表 4-3-3　过压保护电路测试记录表

测试电压 /V	LM317 输出电压 /V	输出电压	过压指示
5	4		
	6		
9	8		
	10		
11	10		
	12		

（3）过流保护电路的测试

接通电源，调节元器件参数设定不同测试电压值，输出端口接 100 Ω/10 W 负载，调整负载电阻使阻值逐渐减小，测量负载在不同阻值时的输出电压和过流保护指示状态，并记录在表 4-3-4 中。

表 4–3–4　　过流保护电路测试记录表

测试电压 /V	电阻负载阻值 /Ω	输出电压	过压指示
5	100		
	50		
9	40		
	30		
11	20		
	5		

三、故障检修

根据电子原理和设置的故障点，运用合适的电子设备，进行故障测试、功能恢复和测量。

1．故障测试

（1）根据设置的故障点，查阅资料，写出故障符号，描述故障位置，并进行故障测试，使用世界技能大赛规定的故障类型对应符号和位置符号，根据测试结果在故障记录表（表 4–3–5）中记录故障位置、测试位置等信息。

表 4–3–5　　故障记录表

故障点	故障元件符号、位置符号
测试点	维修前测试结果

（2）绘制测量草图。

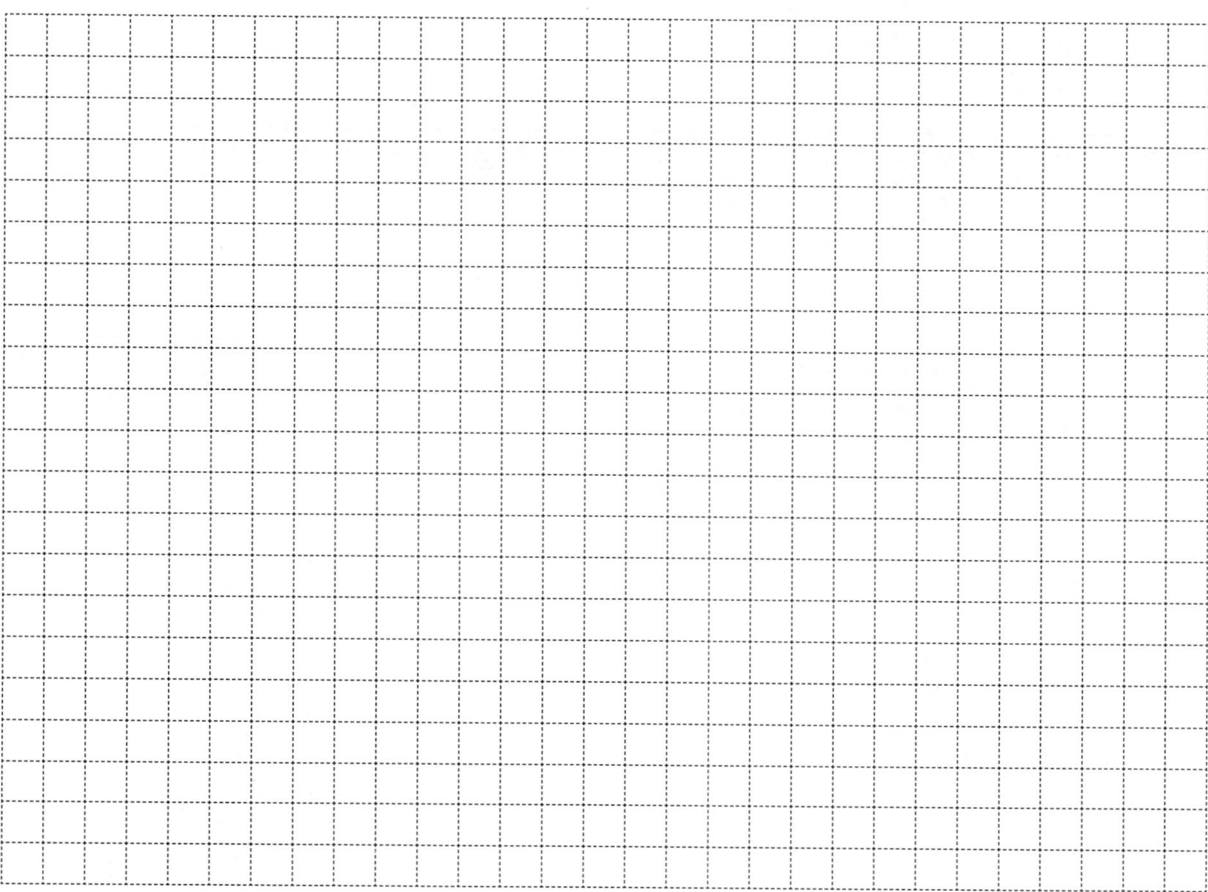

2．功能恢复

故障点修复后，将重新测量的结果填写在表 4-3-6 中。

表 4-3-6　重新测量结果

故障点	故障符号
测试点	维修后测试结果

四、检查与验收

1．自检和互检（表 4–3–7）

表 4–3–7　　自检和互检记录

检查项目	自检结果	互检结果

2．产品验收（表 4–3–8）

表 4–3–8　　产品验收记录

存在问题	整改措施	完成时间

五、任务测评

本任务参考世界技能大赛评价体系和评价标准，其评分标准分为主观和客观两类，由客观数据表述和主观描述评判两部分组成，见表 4–3–9。

表 4–3–9　　任务评分表

考核项目	评分标准	分值	得分
硬件设计	1. 原理图设计正确 （1）过压保护电路连接正确 （2）过流保护电路连接正确 2. 所用 LM317 芯片的管脚及外围电阻器、电容器连接正确 3. PCB 尺寸：单面底层布线 PCB，尺寸不大于 115 mm × 95 mm，在 PCB 图上标上尺寸正确 4. PCB 布线：所有信号线宽不小于 279.4 μm（11 mil），电源线的线宽不小于 304.8 μm（12 mil），跳线不超过 5 处。线间安全距离不小于 279.4 μm（11 mil）。布线层（底层）实体接地覆铜 5. 元器件布局：所用芯片相对参考位置正确，布线正确合理	25	
组装调试	1. 电阻器、电容器、IC 等元器件的焊接符合 IPC–A–610 标准 2. 电路板焊接工艺符合 IPC–A–610 标准 3. 电路板元器件组装工艺符合 IPC–A–610 标准	25	
电路功能	1. LM317 电路工作正常 2. 过压保护电路工作正常 3. 过流保护电路工作正常	15	
故障检修	1. 故障现象测试正确 2. 测量草图绘制正确 3. 提供有效记录，记录正确 4. 功能恢复	25	
职业素养	1. 安全用电，不人为损坏元器件、加工件和设备等 2. 保持工作环境整洁、秩序井然，操作习惯良好 3. 无违规行为	10	
合计		100	

学习活动 4　评价与总结

学习目标

1. 能以小组形式，对学习过程和实训成果进行汇报总结。
2. 完成对学习过程的综合评价。

建议学时：4 学时

学习过程

一、成果展示

以小组为单位，选择演示文稿、展板、海报、视频等形式中的一种或几种向全班汇报学习过程，展示学习成果。

二、综合评价

参考世界技能大赛的评价标准、理念，针对本任务的学习情况，根据表 4–4–1 所列综合评价标准进行评分。

表 4–4–1　　综合评价标准

评价项目	评价内容及标准	配分	评分		
			自我评价	小组评价	教师评价
工作组织和管理	团队合作，合理计划，高效管理时间	3			
	定期检查工作进展和成果	3			
	保证高质量标准完成工作	4			
沟通能力	深度咨询客户，完全理解其要求	5			
	提供明确说明，为客户提供书面报告	5			
计划创新能力	定期检查工作，最小化问题	5			
	提出创新性、可行性建议，提高客户满意度	5			

续表

评价项目	评价内容及标准	配分	评分		
			自我评价	小组评价	教师评价
设计安装能力	根据要求设计图样，正确选用元器件	20			
	按照相关技术标准完成电路的装接	30			
维修能力	使用、测试、校准测量设备	5			
	修复检查验收中发现的问题	15			
学生姓名		综合评价得分			
指导教师		日期			

三、工作总结

回顾本任务的学习过程，从电路硬件设计、组装调试、故障检修等方面进行归纳，对学习工作工程中出现的问题进行反思总结，优化方案和策略。

学习收获

世赛知识

选手的体能与心理素质训练

世界技能大赛不仅在职业规范和安全操作方面有很高的标准，对选手的身心素质也有很高的要求。

（1）体能训练

选手在日常训练过程中，除接受技能训练外，还必须接受相应的体能训练，以确保有强健的体魄来应对世界技能大赛上高强度的操作过程。从世界技能大赛的项目设置来看，部分项目消耗脑力比较多、体力比较少，如平面设计技术、CAD 机械设计等项目，但也有部分项目不但消耗脑力，还会长时间消耗大量体力，如砌筑、电气装置等项目。再加上赛场所在地的气候、饮食习惯、时差等因素的影响，选手只有具备充沛的体力和较强的适应能力，才能确保在大赛期间发挥出最佳水平。因此，选手在技能训练的同时会持续地进行一些基本的体能训练，以提高自身的身体素质。体能训练内容通常包括跑步等常见的体育锻炼项目和各种拓展训练项目。

（2）心理素质训练

世界技能大赛的集训选手都会接受一定程度的心理素质训练。在赛场上，往往最终较量的就是选手的心理素质。选手长期处于高度紧张状态，在赛场上还要经受前所未有的压力，如果没有强大的内心，面对各种考验的时候一旦陷入焦虑、恐慌、急躁甚至茫然的状态，必然无法发挥出日常良好的水平，从而直接影响比赛成绩。因此，心理素质训练也是选手日常训练的一个重要组成部分，有的集训基地会邀请心理专家全程参与对选手的心理测评和辅导工作。

一般来说，在集训的各个阶段，心理素质训练的重点和方法都会有一定的差别。

学习任务五　汽车双闪灯电路的组装与调试

学习目标

1. 能通过阅读工作任务交底单，明确工作内容及任务要求等。

2. 能根据原理图选择元器件型号、规格和数量。

3. 能叙述 555 定时器的组成、工作原理、引脚功能等基本知识。

4. 能对选择的元器件进行正确检测。

5. 能分析汽车双闪灯电路的工作原理。

6. 能按照任务要求制定工作实施方案。

7. 能运用 PCB 设计软件设计并绘制汽车双闪灯电路原理图和 PCB 图。

8. 能叙述表面组装技术的基本知识，按工艺要求完成手工表面组装贴片工作。

9. 能按照相关技术标准焊接汽车双闪灯电路，并使用手动工具和电烙铁等调整、替换不良电路和元器件。

10. 能使用标准测试设备调试电路，并分析、评估其性能，决定是否需要调整，记录和分析测试的结果和数据。

11. 能自觉遵守作业规范，完成工作的检查和验收，自觉清理场地、归置物品。

12. 能对学习过程和实训成果进行汇报总结，完成对学习过程的综合评价。

建议学时

40 学时

工作情境描述

根据某型号汽车电控设备生产的需要，公司主管安排电气安装人员在 24 h 内安装 40 块汽车双闪灯电路板。该电路主要利用 555 定时器组成多谐振荡电路并为闪光灯提供所需的电压源，通过对电容充放电来产生瞬时高压，驱动闪光灯使其发光。

工作流程与活动

1．明确工作任务

2．施工前准备

3．现场施工

4．评价与总结

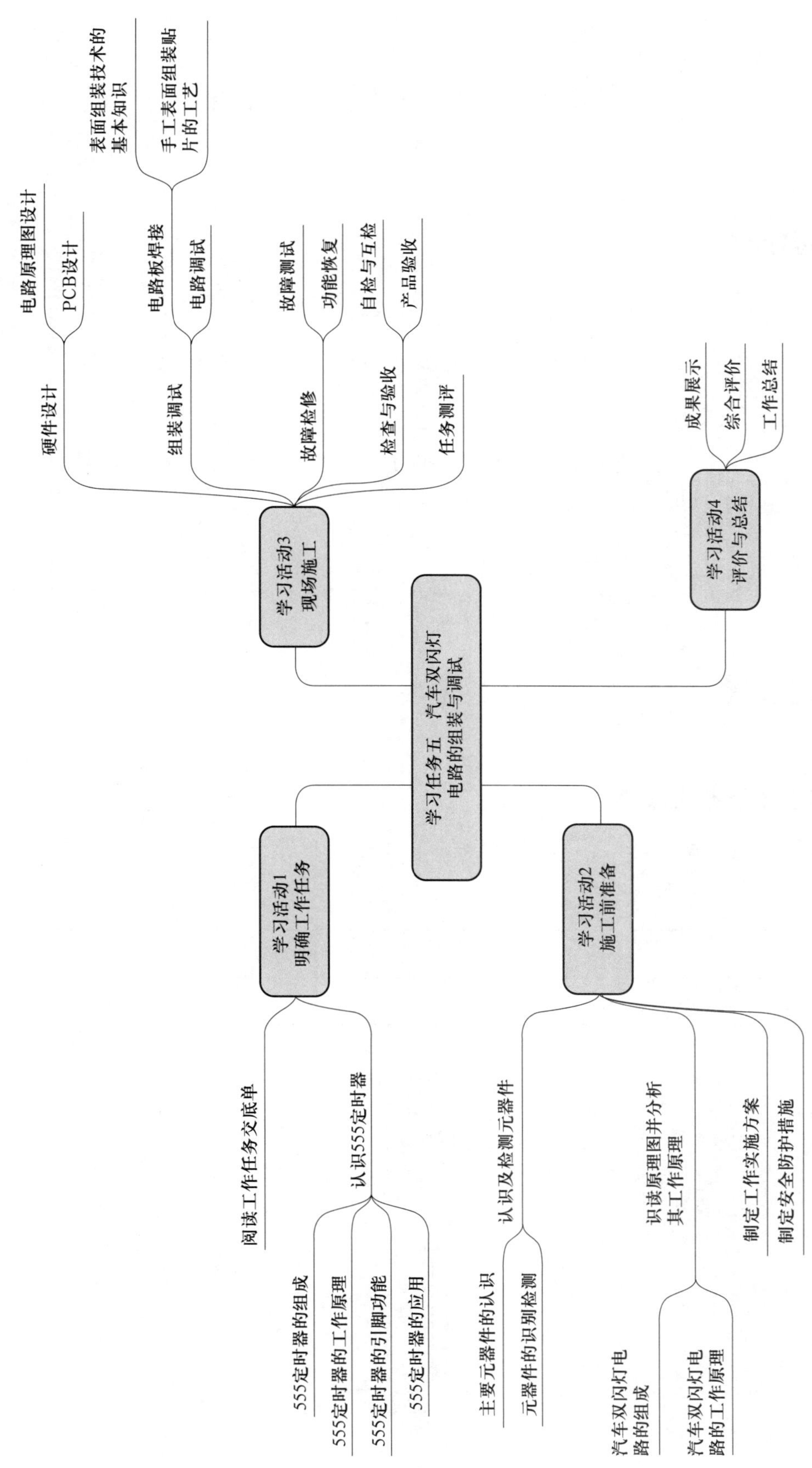

学习任务五　汽车双闪灯电路的组装与调试
学习活动1 明确工作任务
阅读工作任务交底单
认识555定时器
555定时器的组成
555定时器的工作原理
555定时器的引脚功能
555定时器的应用
学习活动2 施工前准备
认识及检测元器件
主要元器件的认识
元器件的识别检测
识读原理图并分析其工作原理
汽车双闪灯电路的组成
汽车双闪灯电路的工作原理
制定工作实施方案
制定安全防护措施
学习活动3 现场施工
硬件设计
电路原理图设计
PCB设计
组装调试
电路板焊接
表面组装技术的基本知识
手工表面组装贴片的工艺
电路调试
故障检修
故障测试
功能恢复
检查与验收
自检与互检
产品验收
任务测评
学习活动4 评价与总结
成果展示
综合评价
工作总结

学习活动1　明确工作任务

学习目标

1. 能通过阅读工作任务交底单，明确工作内容及任务要求。

2. 能叙述555定时器的组成、工作原理、引脚功能等基本知识。

建议学时：12学时

学习过程

一、阅读工作任务交底单

根据工作情境描述，阅读并补全工作任务交底单，熟知本次任务的工作内容及任务要求。

工作任务交底单

任务名称	汽车双闪灯电路的组装与调试				
定额时间		实际时间		完成人	
任务内容	本任务完成汽车双闪灯电路原理图设计、PCB设计、电路板安装与调试三道工序，利用555定时器组成多谐振荡电路并为闪光灯提供所需的电压源，通过对电容充放电，来产生瞬时高压驱动闪光灯使其发光 电源电路 → 5V → 多谐振荡电路 → 信号电路 汽车双闪灯电路原理框图				

续表

<table>
<tr><td>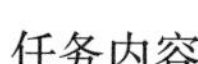任务内容</td><td>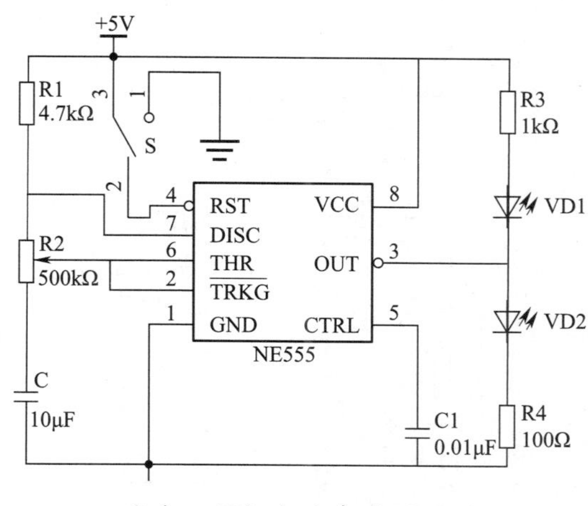
汽车双闪灯电路参考原理图</td></tr>
<tr><td>任务要求</td><td>1. 熟悉交底单，分析汽车双闪灯电路工作原理
2. 选择元器件参数及数量，并检测其性能
3. 汽车双闪灯电路原理图设计
4. 根据《电子组件的可接受性》（IPC–A–610）等相关标准完成汽车双闪灯电路 PCB 设计
5. 根据《电子组件的可接受性》（IPC–A–610）等相关标准进行汽车双闪灯电路安装与调试
6. 总结</td></tr>
</table>

二、认识 555 定时器

参考资料

电子技术基础（第六版）

§7–3　555 定时器及应用电路

汽车双闪灯（由车上三角形标志的按钮控制，见图 5–1–1）又称危险报警闪光灯，是一种提醒其他车辆与行人注意本车发生了特殊情况的信号灯。

图 5–1–1

汽车双闪灯电路可以利用 555 定时器组成多谐振荡电路并为闪光灯提供所需的电压源，通过对电容充放电来产生瞬时高压驱动闪光灯使其发光。

555 定时器又称集成时基电路、集成定时器，是一种数字、模拟混合型的中规模集成电路，应用十分广泛，如图 5–1–2 所示。它是一种产生时间延迟和多种脉冲信号的电路，由于内部电压标准使用了三个 5 kΩ 的电阻，故取名 555 定时器。查阅资料学习 555 定时器的相关知识，回答后面的问题。

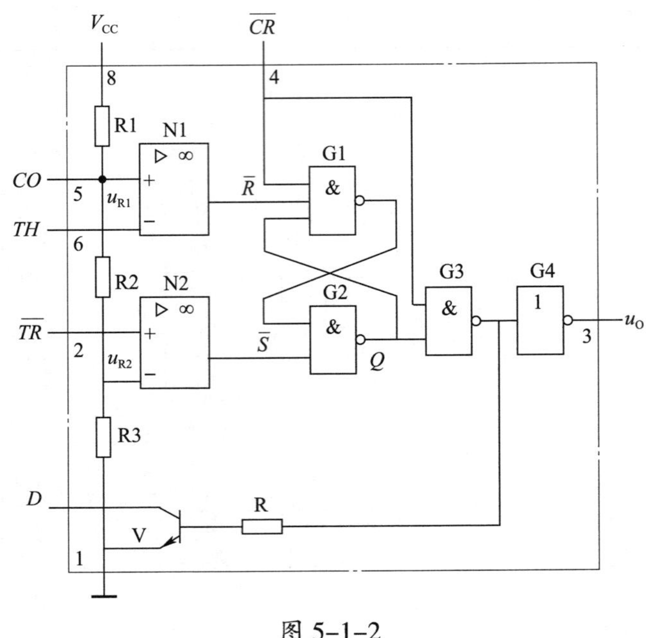

图 5–1–2

1．555 定时器内部由哪几部分组成?

2．555 定时器内部包括两个电压比较器，当电压比较器的“+”输入端电压高于“–”输入端时，其输出为高电平；当电压比较器“+”输入端电压低于“–”输入端时，其输出为低电平。由此可知，电压比较器的功能是什么?

3．555 定时器一般采用 DIP、SOP 两种封装形式。图 5-1-3 所示为 DIP 封装的 555 定时器实物图。对照图和实物，查阅资料，在图 5-1-3 中标出各引脚号，并标出引脚名称及功能。

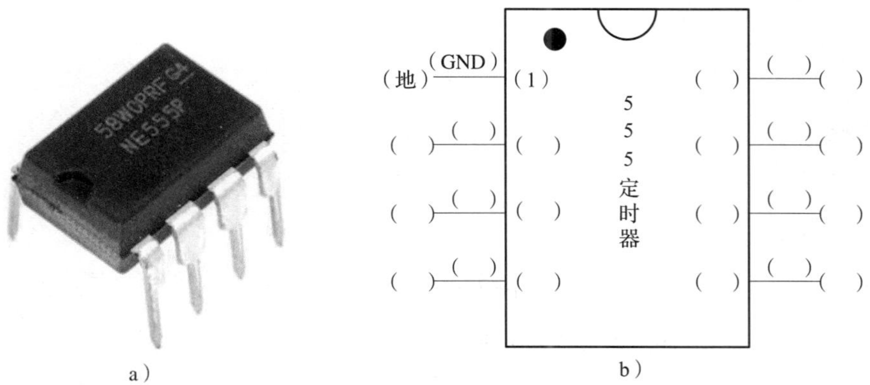

a）　b）

图 5-1-3

4．555 定时器应用十分广泛，外加电阻、电容等元器件可以构成多谐振荡器、单稳态电路、施密特触发器等。图 5-1-4 所示是用 555 定时器构成的单稳态触发器，分析该电路的工作原理，绘制输出电压 u_o 的波形。

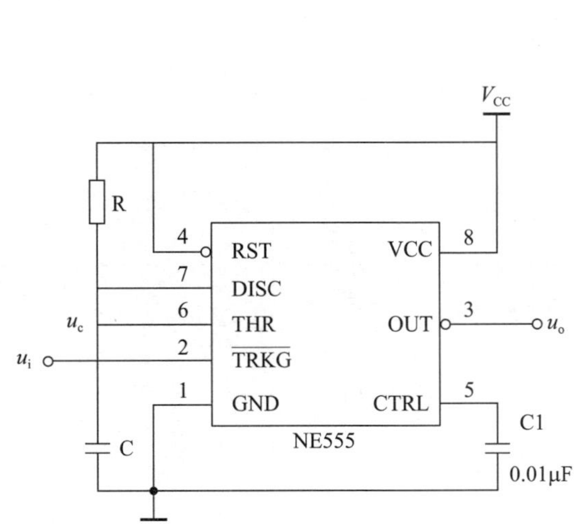

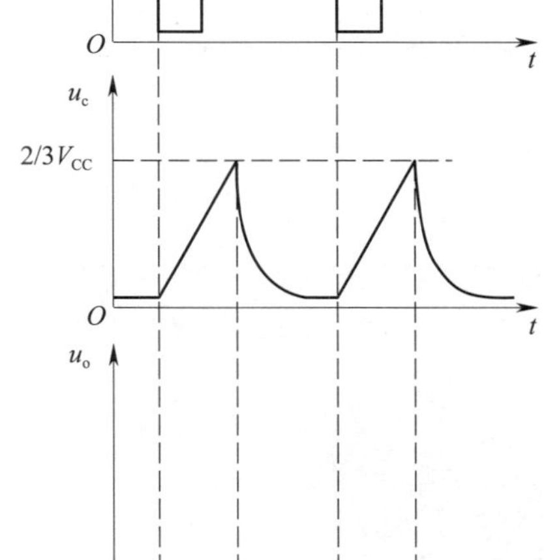

图 5-1-4

学习活动 2　施工前准备

学习目标

1. 能选择元器件型号、规格和数量。
2. 能对选择的元器件进行正确检测。
3. 能分析汽车双闪灯电路的工作原理。
4. 能按照任务要求制定工作实施方案。

建议学时：6 学时

学习过程

一、认识及检测元器件

1．识读原理图，对照表 5–2–1，认识所用元器件。除表 5–2–1 中所列外，还用到了哪些元器件？在表 5–2–1 中补充。

表 5–2–1　　认识所用元器件

元器件	名称	符号或规格	在电路中的作用

2．对元器件进行检测，记录在表 5–2–2 中。

表 5–2–2 元器件的检测

元器件名称	符号或规格	测量方法	测量值	性能判别

二、工作原理分析

1．555 定时器与电阻、电容可以构成多谐振荡器，如图 5–2–1 所示，555 定时器与 R1、R2、C 构成了多谐振荡器。多谐振荡器是一种自激振荡电路。因为没有稳定的工作状态，多谐振荡器也称为无稳态电路。分析该电路工作原理，绘制出输出电压 u_o 的波形。

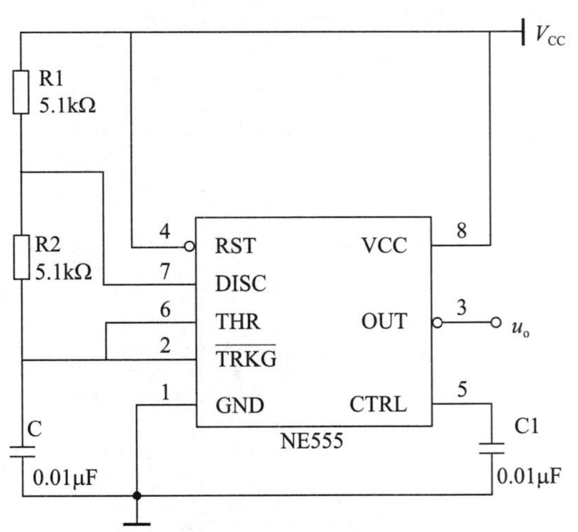

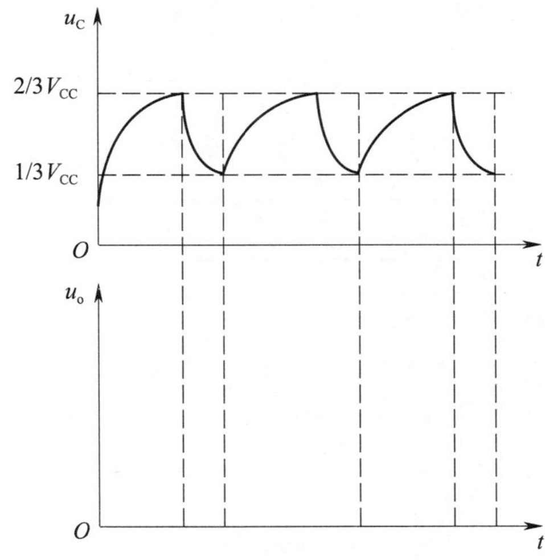

图 5–2–1

2．参照以上实例，对本任务的原理图进行分析。

三、制定工作实施方案

通过工作实施方案的制定，明确任务分工，明确基本工序流程。

汽车双闪灯电路的组装与调试任务工作实施方案

一、人员分工

1．小组负责人：________________

2．小组成员及分工

姓名	分工

二、工具、材料清单

<table>
<tr><th>类别</th><th colspan="5">项目内容</th><th>备注</th></tr>
<tr><td>工具</td><td colspan="5"></td><td></td></tr>
<tr><td>仪表</td><td colspan="5"></td><td></td></tr>
<tr><td rowspan="10">元器件与器材</td><th>代号</th><th>名称</th><th>型号</th><th>规格</th><th>数量</th><td rowspan="10"></td></tr>
<tr><td></td><td></td><td></td><td></td><td></td></tr>
<tr><td></td><td></td><td></td><td></td><td></td></tr>
<tr><td></td><td></td><td></td><td></td><td></td></tr>
<tr><td></td><td></td><td></td><td></td><td></td></tr>
<tr><td></td><td></td><td></td><td></td><td></td></tr>
<tr><td></td><td></td><td></td><td></td><td></td></tr>
<tr><td></td><td></td><td></td><td></td><td></td></tr>
<tr><td></td><td></td><td></td><td></td><td></td></tr>
<tr><td></td><td></td><td></td><td></td><td></td></tr>
</table>

三、工序及工期安排

序号	工作内容	完成时间	备注

四、制定安全防护措施

在世界技能大赛中，参赛选手不仅要注意提高自己的技能操作水平，而且不能出现违反竞赛规则、操作规范和安全要求的行为。同样地，在平时的学习和任务实施过程中，也要注意养成良好的职业规范和遵守规则的意识，使工作过程符合操作规范和安全要求，采取正确的安全防护措施。结合世界技能大赛的技术资料学习相关知识，针对本任务，与前面四个学习任务进行比较，安全防护措施应做哪些调整？将本任务增加的新的安全防护措施记录下来。

学习活动3 现 场 施 工

学习目标

1. 能运用 PCB 设计软件设计并绘制汽车双闪灯电路原理图和 PCB 图。

2. 能叙述表面组装技术的基本知识，按工艺要求完成手工表面组装贴片工作。

3. 能按照相关技术标准焊接汽车双闪灯电路，并使用手动工具和电烙铁等调整、替换不良电路和元器件。

4. 能使用标准测试设备调试电路，并分析、评估其性能，决定是否需要调整，记录和分析测试的结果和数据。

5. 能自觉遵守作业规范，完成工作的检查和验收，自觉清理场地、归置物品。

建议学时：18 学时

学习过程

根据基本原理和实际需要设计电路原理图，经教师确认无误后，运用 PCB 设计软件进行原理图抄绘。创建并测试硬件设计工程，组装 PCB 并检查操作，完成工程，并且提交所有的产品和文件。按照《电子组件的可接受性》（IPC–A–610）规范完成产品的焊接，机械组装及接线。

一、硬件设计

本任务根据汽车双闪灯电路原理框图分为 3 个部分，分别为电源电路、多谐振荡电路以及信号电路。

1．汽车双闪灯电路原理图设计

根据元器件参考清单（表 5–3–1），使用 PCB 设计软件完成汽车双闪灯电路原理图设计，并抄绘到下列方框内。

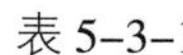

表 5-3-1　元器件参考清单

序号	名称	规格	数量
1	电阻	4.7 kΩ	1
2	电位器	500 kΩ	1
3	电阻	1 kΩ	1
4	电阻	100 Ω	1
5	电容	10 μF	1
6	电容	0.01 μF	1
7	发光二极管	3 mm	2
8	555 定时器	NE555	1
9	IC 座	DIP 8P	1
10	开关		1

2．汽车双闪灯电路 PCB 设计

根据基本原理和实际需要设计电路原理图，经教师确认无误后，用 PCB 设计软件进行原理图抄绘。

（1）根据以下要求设计 PCB。

1）单面底层布线 PCB，尺寸不大于 115 mm×95 mm。

2）所有信号线不小于 279.4 μm（11 mil），电源线的线宽不小于 304.8 μm（12 mil），跳线不超过 5 处。线间安全距离不小于 279.4 μm（11 mil）。

3）自行完成元器件的布局，并绘制布局图。

4）必须按照元器件清单中的元件设计 PCB。

5）布线层（底层）实体接地敷铜，对于无网络连接部分的死铜不需要删除，以提高雕刻机制板效率。

（2）根据设计文件加工汽车双闪灯电路 PCB

依据绘制的 PCB 图，在雕刻机上制作电路板。电路板制作完成后要与绘制的 PCB 图进行对比，使用万用表检查其是否有断路、短路等现象，确保电路板制作无误，为安装与调试做好准备。

二、组装调试

参考资料

SMT 基础与工艺

第一章　表面组装技术基础

第五章　SMT 贴片工艺与设备

1．电路板焊接

汽车双闪灯电路可以采用插接元件组装，也可以采用贴片元件进行组装，其焊接工艺标准不同。选择其中一种方式进行电路组装调试。

按照工艺要求完成电路焊接。在进行元器件焊接时，要按照《电子组件的可接受性》（IPC-A-610）标准及要求进行操作，从而保证产品质量达到行业标准，好的焊接质量也可以略高于标准。

所谓贴片元件，是指采用表面组装技术（SMT）生产的元件，查阅资料，学习表面组装技术的相关知识，回答后面的问题。

（1）表面组装技术（SMT）的主要特点是什么?

（2）表面组装技术（SMT）的基本工艺流程是：锡膏印刷→零件贴装→回流焊接→ AOI 光学检测→维修→分板。表面组装技术（SMT）的基本工艺构成要素包括：丝印（或点胶）、贴装（固化）、回流焊接、清洗、检测、返修。查阅资料，将以上要素的主要作用填写在表 5-3-2 中。

表 5-3-2　　表面组装技术（SMT）的基本工艺构成要素

构成要素	主要作用
丝印（或点胶）	
贴装（固化）	

续表

构成要素	主要作用
回流焊接	
清洗	
检测	
返修	

（3）手工表面组装贴片

表面组装技术（SMT）在生产中主要应用于自动化生产线，但在返工、返修和做样机时，常常还会用到手工贴片技术。其技术要求与机器贴片是一样的。查阅资料，了解手工贴片技术的工艺知识，回答以下问题。

1）手工贴装的工艺流程是什么?

2）手工贴片操作有哪些注意事项?

3）针对不同的贴片元件，在表 5-3-3 中写出手工贴片的方法。

表 5-3-3　　手工贴片的方法

外形	操作方法
矩形、圆柱形	
SOT 封装	
SOP、QFP 封装	
SOJ、PLCC 封装	

2．电路调试

经检查无误的电路板，一般接通电源就可以正常工作，如果有故障，回到上面的步骤重新检查修复；如果电路正常工作，进入电路测试。利用示波器测试输入端和输出端的波形，并将其绘制在表 5-3-4 中。

表 5-3-4　　电路调试

测试位置	测试结果	测试描述

三、故障检修

根据基本原理和设置的故障点，运用合适的电子设备，进行故障测试、恢复和测量。

1．故障测试

（1）根据设置的故障点，查阅资料，写出故障符号，描述故障位置，并进行故障测试，使用世界技能大赛规定的故障类型对应符号和位置符号，根据测试结果在故障记录表（表 5-3-5）中记录故障位置、测试位置等信息。

表 5-3-5　故障记录表

故障点	故障元件符号、位置符号
测试点	维修前测试结果

（2）绘制测量草图。

2．功能恢复

故障点修复后，将重新测量的结果填写在表 5-3-6 中。

表 5-3-6　重新测量结果

故障点	故障符号
测试点	维修后测试结果

四、检查与验收

1．自检和互检记录（表 5-3-7）

表 5-3-7　自检和互检记录

检查项目	自检结果	互检结果

2．产品验收（表 5-3-8）

表 5-3-8 产品验收记录

存在问题	整改措施	完成时间

五、任务测评

本任务参考世界技能大赛评价体系和评价标准，其评分标准分为主观和客观两类，由客观数据表述和主观描述评判两部分组成，见表 5-3-9。

表 5-3-9 任务评分表

考核项目	评分标准	分值	得分
硬件设计	1．原理图设计正确 2．所用 NEC555 芯片的管脚及外围电阻器、电容器连接正确 3．PCB 尺寸：单面底层布线 PCB，尺寸不大于 115 mm × 95 mm，在 PCB 图上标上尺寸正确 4．PCB 布线：所有信号线宽不小于 279.4 μm（11 mil），电源线的线宽不小于 304.8 μm（12 mil），跳线不超过 5 处。线间安全距离不小于 279.4 μm（11 mil）。布线层（底层）实体接地覆铜 5．元器件布局：所用芯片相对参考位置正确，布线正确合理	25	
组装调试	1．电阻器、电容器、IC 等元器件的焊接符合 IPC-A-610 标准 2．电路板焊接工艺符合 IPC-A-610 标准 3．电路板元器件组装工艺符合 IPC-A-610 标准	25	
电路功能	汽车双闪灯电路工作正常	15	
故障检修	1．故障现象测试正确 2．测量草图绘制正确 3．提供有效记录，记录正确 4．功能恢复	25	
职业素养	1．安全用电，不人为损坏元器件、加工件和设备等 2．保持工作环境整洁、秩序井然，操作习惯良好 3．无违规行为	10	
合计		100	

学习活动 4　评价与总结

学习目标

1. 能以小组形式，对学习过程和实训成果进行汇报总结。

2. 完成对学习过程的综合评价。

建议学时：4 学时

学习过程

一、成果展示

以小组为单位，选择演示文稿、展板、海报、视频等形式中的一种或几种向全班汇报学习过程，展示学习成果。

二、综合评价

参考世界技能大赛的评价标准、理念，针对本任务的学习情况，根据表 5–4–1 所列综合评价标准进行评分。

表 5–4–1　综合评价标准

评价项目	评价内容及标准	配分	评分		
			自我评价	小组评价	教师评价
工作组织和管理	团队合作，合理计划，高效管理时间	3			
	定期检查工作进展和成果	3			
	保证高质量标准完成工作	4			
沟通能力	深度咨询客户，完全理解其要求	5			
	提供明确说明，为客户提供书面报告	5			
计划创新能力	定期检查工作，最小化问题	5			
	提出创新性、可行性建议，提高客户满意度	5			

续表

评价项目	评价内容及标准	配分	评分		
			自我评价	小组评价	教师评价
设计安装能力	根据要求设计图样，正确选用元器件	20			
	按照相关技术标准完成电路的装接	30			
维修能力	使用、测试、校准测量设备	5			
	修复检查验收中发现的问题	15			
学生姓名		综合评价得分			
指导教师		日期			

三、工作总结

回顾本任务的学习过程，从电路硬件设计、组装调试、故障检修等方面进行归纳，对学习工作工程中出现的问题进行反思总结，优化方案和策略。

学习收获

世赛知识

中国与世界技能大赛

2019 年 9 月，习近平总书记在对我国选手在第 45 届世界技能大赛上取得佳绩作出的重要指示中强调：劳动者素质对一个国家、一个民族发展至关重要。技术工人队伍是支撑中国制造、中国创造的重要基础，对推动经济高质量发展具有重要作用。要健全技能人才培养、使用、评价、激励制度，大力发展技工教育，大规模开展职业技能培训，加快培养大批高素质劳动者和技术技能人才。要在全社会弘扬精益求精的工匠精神，激励广大青年走技能成才、技能报国之路。

中国 2010 年加入世界技能组织。加入世界技能组织、参加世界技能大赛，有利于我国学习借鉴世界各国促进技能培训和开展技能竞赛的经验，推动国内职业技能竞赛活动的开展，营造学习技能人才、尊重技能人才、争当技能人才的良好社会氛围。同时，参加世界技能大赛，可以构建职业技术交流的国际平台，为我国优秀技能人才展示才华绝技、展现技能成果创造条件，对宣传我国高技能人才工作和人力资源能力建设的成果，扩大我国在职业培训领域的影响力，培养造就具有国际水平的高技能人才队伍具有重要意义。

第 46 届世界技能大赛将在中国上海举办。大赛吉祥物是一组卡通图案，一个男孩、一个女孩，男孩叫“能能”，女孩叫“巧巧”，寓意“能工巧匠”，整体造型是上海地标建筑——东方明珠电视塔。

第 46 届世界技能大赛的主题口号是“一技之长，能动天下”，寓意着技能是推动人类文明发展的原动力，是全球共同的财富；掌握技能，改变世界，引领未来，造福人类。